할매, 밥 됩니까

할매, 밥 됩니까

여행작가 노중훈이 사랑한 할머니 식당 27곳

추천의 글

하정민(MBC 라디오 PD)

노중훈 작가에게는 좀 놀라운 면이 세 가지 정도 있다.

일단은 목소리가 훌륭하다. 라디오 출연자로서는 최고의 장점이다. 배우인데 얼굴이 원빈인 격이랄까, 심지어 연기가 외모에 밀리지도 않는달까, 중저음의 목소리는 힘이 있어 전달력도 좋은 편인데 말솜씨도 타고 났다.

머리도 정말 좋다. 머릿속으로 사진을 찍어온 듯, 취재 가서 보고 들은 것을 세세하게 기억해내고, 그 내용을 잘 엮어 흥미진진한 이야깃거리로 만들어낸다. 분명 같이 먹고, 보고 왔는데, 놓쳤던 포인트와 디테일을 기가 막히게 살려 방송으로 풀어낸다. 노중훈 작가가 출연할 때는 방송 원고가 거의 필요 없을 정도다.

마지막 장점은 정말 잘 먹는다는 거다. 술자리가 몇 차나 이어져도, 1차인 것처럼 시키고, 그릇을 싹싹 비운다. 존경하는 박찬일 주방장님의 표현에 의하면 '노중훈은 아귀처럼 먹는다'. 그가 지나간 식탁은 초토화된다.

다행인 것은 그가 그저 먹보이기만 한 게 아니라, 그 맛에 맞는 말과 이야기를 붙여 누구나 공감할 수 있게 많은 이들에게 나누어준다는 점이다. 그의 이야기를 듣고 있으면 아무리 사소한 음식이라도 입에 침이 고인다. 거기서 한 발 더 나가, 숨어 있던 사람들의 이야기를 건져오기까지 했다.

MBC 라디오 〈굿모닝FM 김제동입니다〉를 연출하던 시절, 매주 목요일은 노중훈 작가의 '고독한 여행가' 코너가 있었다. '고독한 두 남자의 적막강산 여행기'라는 소개로 시작하는 처절한(?) 콘셉트의 코너였지만, 그 어느 코너보다 생동감이 있었다. 어디서도 들을 수 없는 식당 할머니들의 이야기가 펼쳐졌기 때문이다. 정보와 콘텐츠가 쏟아지는 출근길 라디오에서, 누구보다 성실한 취재와 정다운 입담으로 차별화된 '고독한 여행가'는 우리 프로그램의 자부심이기도 했다.

방송이 끝나고 아침을 나누어 먹으며 이건 꼭 기록해야 한다, 책을 내야 한다, 수다를 떨며 제목까지 지었던 걸 진짜로 해낸 작가님이 여러모로 기특하다. 할머니들의 노동과 식당

이야기에 얼마나 깊은 관심과 애정을 갖고 있는지 여러 차례 생생한 고백을 들어왔기에 약간 뭉클하기도 하다.

전국의 날고 기는 맛있는 집을 섭렵한 그가 왜 할머니들의 식당에 관심을 갖게 됐을까. 어르신들의 인생을 자꾸 궁금해하고 기록하려 하는 건 노중훈 작가가 운명처럼 '노인의 날'에 태어났기 때문일 수도 있겠다(진짜다).

그는 오래된 다방을 취재하러 갔다가 잘 차린 백반 한 상을 받기도 하고, 주문한 식사와 별개로 민어, 고구마, 떡, 바나나, 옥수수까지 전국의 할머니들에게 참 잘도 얻어먹는다. 애호박은 푹 익은 것보다 '설컹설컹' 씹혀야 맛있다는 귀한 가르침 같은 것들도 공으로 배워온다. 노중훈 작가에게는 할머니들을 무장해제시키는 재주가 있고, 덕분에 우리는 할머니들의 낡고 오래됐으며 때론 좀 이상하고, 독특하고, 눈물겹고, 재미있고, 웃기기도 한 이야기들을, 식당이 문을 닫으면 영원히 사라져버릴 풍경과 이야기들을 생생하게 전해 들을 수 있게 됐다.

버려온 것들, 사라지기 직전의 것들이 가지는 가치를 알아
보고 그걸 어떻게든 다른 이들과 나누고 싶어서 전전긍긍. 할
머니를 짝사랑하고, 때로는 연애하듯 열심히 부딪쳐 취재해온
과정을 지켜봐온 동료이자 팬으로서, 이 책 또한 눈 밝은 이들
에게 오래 사랑 받을 수 있기를 바라본다.

하정민은 MBC 라디오 <노중훈의 여행의 맛>의 최장수 PD로 일했다. <굿모닝FM
김제동입니다>를 연출했고, 현재 <여성시대 양희은, 서경석입니다>를 맡고 있다.

추천의 글

저에게는 소사小事가
대사大事입니다

지난해 7월, 혼자서 며칠간 전라북도의 몇몇 도시를 돌아다녔습니다. 돌아다니는 게 직업이니 새삼스러울 것 없는 여정이었는데, 그 새삼스러울 것 없는 여정의 말미에 새삼스러운 감정이 솟아났습니다. 당시의 제 인스타그램을 들여다보면 이렇게 쓰여 있습니다.

'낮에 익산에 나갔다 가고 싶었던 식당이 쉬는 날이라 다시 임실로 돌아왔습니다. 임실전통시장 안에 있는 카페에서 뭉그적거리며 좋아하는 작가님의 책을 읽었습니다. 오전에는 어제에 이어 아로니아 요거트를 또 먹었습니다. 역시 시장 안에 있는 개미집으로 와서 순대에 소주 한잔 걸칩니다. 오랜 세월 부끄러웠는데 이제야 어디를 가도, 누구를 만나더라도 여행작가라고 겨우 말할 수 있을 것 같습니다. 눈가가 촉촉합니다. 앞으로도 이렇게 낮은 마을, 오래 일한 사람들의 눅눅한 이야기를 받아 적으며 살아야겠습니다. 고마운 여정입니다.'

'부끄러웠다'라는 말은 20여 년간 여행작가로 일한 제 자신에게 던지는 아쉬움과 반성의 표현입니다. 누구보다 많은 곳을 다녔지만 견문은 주마간산이었고, 취재는 실제와 밀착하지 못했으며, 진실한 마음보다 관성과 타성이 지배하는 경우가 많았습니다.

'할머니 식당'을 만나고 또 찾아다니며 명확히 깨달았습니다. 제가 무엇을 좋아하고, 여행작가로 어떤 작업을 지속해야 하는지를. 한곳에 오래 머문 식당들, 위세 등등한 식당이 아니라 작고 허름하고 낮게 엎드린 동네 식당들, 그 식당들을 오래 지킨 사람들, 그 사람들이 켜켜이 쌓아온 시시콜콜한 이야기들을 듣고 기록하고 나누는 일. 대부분의 사람들이 대수롭지 않게 여기는, 별로 신경 쓰지 않는 그 소사小事가 저에게는 대사大事였습니다. '할머니 식당'은 제게 우주입니다.

조심스럽지만 두어 가지 당부와 양해의 말씀을 드립니다. 《할매, 밥 됩니까》는 맛집 책이 아닙니다. 개인적으로는 '맛집'이란 단어를 좋아하지도, 사용하지도 않습니다. 그러니 이 책에 나온 식당들을 찾아가 음식 품평을 하지 마시기 바랍니다. 외람되지만 《할매, 밥 됩니까》가 우리 이웃의 노동기勞動記로 읽히면 좋겠습니다. 내용이 더러 부정확할 수 있습니다. 거의 전적으로 어르신들의 기억에 의존하다 보니 오차와 오류가 있을 수 있습니다. 제가 아는 바가 얕고 바지런하지 못한 탓도 큽니다. 앞으로 더 촘촘해지겠습니다. 고맙습니다.

2020년 9월 경복궁역 언저리에서

한 그릇

아이고, 국수 좀 그만 주세요

두 그릇

대낮의 막걸리 시퀀스

범상친 경상북도 울진군 울진읍 읍내리 **갓변이국수** 강원도 철원군 서면 자등리 **액시간양념치킨** 제주도 서귀포시 성산읍 고성리 **범성숲물갈비** 경기도 수원시 장안구 조원동

고산집 전라북도 임실군 임실읍 이도리 **비산국수집** 대구시 남구 대명동

아이고, 국수 좀 그만 주세요

어머니의 '국수 세례'를 피할 수는 없다. 태양을 피할 수는 있어도, 국수 한 그릇
의 양도 푸짐한데, 서비스 국수까지 합세하면 양이 정말 어마어마해진다. 뱃구
레가 어지간히 큰 사람도 남김없이 먹어 치우기가 쉽지 않다. 그러니 "어머니,
저 배고파요"나 "어머니, 저 많이 먹어요" 따위의 말은 금기어에 해당한다.

할머니의 맹물 국수

경상북도 울진군 울진읍 읍내리
범상집

01

"옆집 가서 먹어."

내가 범상집 어머니로부터 들은 첫 번째 대답이었다. 조금 열려 있는 식당 미닫이문으로 머리를 들이밀고 건넨 첫 질문은 "어머니, 그럼 라면은 먹을 수 있는 거예요?"였다. 출입문에는 상호인 범상집과 더불어 국수와 라면만 세로로 단출하게 적혀 있어 궁금증이 불쑥 솟아났던 터였다. 그런데, 옆집으로 가라니…. "아니 왜요?"라며 다부지게 받아쳤지만 돌아온 두 번째 답변은 절망적이었다.

"먹을 게 없어."

적잖이 당황했지만 주저앉지는 않았다. 설마, 식당인데 먹을 수 있는 게 하나도 없으랴. 오기가 발동했다. 더불어 내 특유의 '촉'도 기지개를 켰다. '뭔가 있다!' 결국, 마른침을 삼키며 범상집의 문턱을 넘었다.

임인옥 어머니는 경북 울진군 범상골에서 태어났다. 1937년생. '호적'에는 1938년생으로 올라 있단다. 그때 그 시절에는 빈번했던 일. "어머니 그럼 나랑 띠동갑이네요, '세 바퀴' 차이지만." 연세에 비해 건강해 뵈는 어머니는 슬하에 5녀 2남을 두었다. 모두 출가해 따로 사는데, 언젠가 미국에 거주하는 딸이 큰돈을 보내줘 치아를 새로 장만했다. 두 해 전인가 세 해 전에는 읍내에서 10만 원을 주고 눈썹 문신을 들이기도 했다. 귀가 좀 어둡지만 보청기는 끼지 않는다.

식당 내부는 공간 효율성 면에서 낙제점을 받을 만하다. 띄엄띄엄 자리한 테이블이 달랑 세 개인데, 그나마 두 개만 사용한다. 안쪽에 어머니 주무시는 살림방이 있고, 식당 구석에 놓인 사다리를 이용하면 다락방으로 오를 수도 있다. 어머니는 발을 헛디딜까 무서워 올라가지 못한다.

"어머니, 이것 좀 드세요."

나와 어머니 사이의 대화를 이끌어낸 촉매제는 식당 근처 빵집인 빵가마에서 구입한 호두롤이었다. 햄버거와 꽈배기도 있었지만 부드러운 호두롤이 어머니의 취향에 부합하는 듯했다.

"왜 다른 요리나 안주는 안 파세요?"

"힘들고 귀찮아. 그리고 찾는 손님이 있어야 팔지. 술값 못 내는 사람도 많은데 뭘. 간혹 시장에서 음식 사다가 먹는 사람이 있기는 해."

실제 범상집을 드문드문 찾는 동네 주민들은 강소주나 강맥주를 마신다. 기껏해야 마른 멸치나 과자 부스러기가 술잔 옆을 지킬 뿐. 소주와 맥주 가격은 3000원. 막걸리는 원하면 사다 준다고 한다. 실제 증언도 청취할 수 있었다. 식당 문을 열고 들어오자마자 유리컵에 소주를 콸콸 들이부은 앞집 아저씨에게 "여기 원래 안주가 없나요?"라고 물으니 "없어요, 라면이나 끓여주지"라는 답이 돌아왔다.

"아니 그럼, 어머니는 음식도 만들지 않고 손님도 별로 없는데 하루 종일 뭐하세요?"

"TV도 보고 자기도 하고. 그런데, 요즘은 드라마가 영 재미없어."

빵을 뜯어먹으며 맥주를 홀짝홀짝 들이켜는데, 어머니가 뜻밖의 안주를 내어 주신다. 시리얼 기본 맛과 초코 맛. 46년 전 시누이에게 100만 원 주고 매입한, 허름하기 짝이 없는 식당에서 팔순을 훌쩍 넘긴 할매가 주섬주섬 늘어놓은 시리얼이라니. 기묘한 풍경에 웃음이 번졌다. 이어지는 옛날이야기. 어머니는 당신 나이 스물하나에 역시 울진 출신의 남편(12년 전 작고)을 만나 이듬해 결혼했다. 건물 구입 자금은 남편이 광산에서 일해 번 돈으로 감당했다. "지금은 식당 앞으로 차가 두 대씩이나 지나다닐 수 있지만 예전에는 시내버스도 안 다녔어. 시내버스는

35년 전인가 생겼지 아마. 식당 시작하고 처음에는 막걸리를 많이 팔았어. 안주라고 해봤자 김치가 전부였지만."

대화가 무르익었다고 판단한 나는 호흡을 가다듬으며 승부수를 던졌다.

"어머니, 국수 한 그릇만 해주세요."

순간, 어머니의 반영구 눈썹이 미세하게 일렁였다. '정말 귀찮으신 건가?' 손맛을 알현하지 못한 채 이대로 돌아서야 하나 아주 잠깐 얼어붙었지만, 주방으로 향하는 어머니의 뒷모습을 보며 이내 긴장의 끈이 풀렸다.

어머니는 수돗물을 담은 냄비 두 개를 가스레인지 위에 올렸다. 물이 끓는 한쪽 냄비에 약간의 진간장과 한 꼬집 분량의 다시다를 넣었고, 다른 냄비에서는 국수를 삶았다. 다 익은 국수를 꺼내 찬물에 두 번 헹군 후 옆 냄비의 맛국물을 부었다. 마무리는 쪽파간장과 참깨. 반찬은 충청도 출신의 둘째 며느리가 보내준, 신맛이 도드라지는 김치 한 가지.

세상에! 사골은커녕 멸치 한 마리도 헤엄치지 않았고, 새우 한 마리도 얼씬거리지 않았으며, 바지락 한 개도 몸을 담그지 않았던 이토록 허전한 국물의 국수라니. 기대치를 한껏 낮추며 면발 사이로 젓가락을 인도했다. 늘 그렇듯이 '면다발'을 한껏

끌어올려 입으로 가져갔다.

"어머니, 너무 맛있어요!"
"뭐가 맛있어. 그래도 내가 다른 식당보다는 맛있게 해."

'맛있어요'라는 감탄은 진심이었다. 왜 맛있을까, 이 헐렁한 국수가 왜 맛있을까…. 일당백의 조미료 덕분일 수도, 쪽파간장과 참깨의 협력 때문일 수도, 어머니의 농익은 감각으로 탄생한 잘 삶긴 국숫발 덕택일 수도 있겠다. 하지만 무엇보다 대화의 힘이 컸겠지. 국수가 나오기까지 두런두런 주고받은 이야기들이 곧 감칠맛이었고, 잠시나마 머문 어머니의 마음 밭에서 나는 이미 맛있게 먹을 준비가 돼 있었던 것이다. 그리고 추억의 힘. 따지고 보면 예전 가정에는 '고급 육수'가 상비약처럼 준비된 경우가 많지 않았다. 그냥 찬물 받아 간결하게 국수를 삶았고, 간장 한 숟가락 휙 둘러 먹었다. 누군가의 말마따나 추억은 힘이 세고 지속력이 뛰어나다.

"어머니, 김제동이라고 아세요? 김제동?"
"제동이가 오데(어데) 있는데?"
"테레비(텔레비전)에 나오는, 김제동이라고 말 잘하는 사람 있어요."

"몰라, 얼굴 보면 모를까."

"전화기에 녹음해서 그 친구 들려주게 '문득문득 행복하세
요♦'라고 말씀 한번 해주세요."

"문뜽뭉뜩 행복하세요."

얼마 전 지인이 가족과 함께 울진 여행 중이라길래 짬이 나
면 범상집에 가줄 수 있는지 물어봤다. 어머니의 안부를 간접
적으로나마 듣고 싶었기 때문이다. 고맙게도 내 청을 들어주었
는데, 우려했던 일이 발생했다. 식당 문은 닫혀 있었고, 주변 상
인들의 말이 영업을 중단한 지 좀 됐다는 것이었다. 후배는 혹
시나 해서 식당 출입문에 적힌 번호로 전화를 걸었고 마침 어
머니가 받더란다. 하지만 귀가 더 어두워졌는지 의사소통이 어
려웠다고 했다. 앞으로 더 이상 범상집의 '맹물 국수'를 만날
수 없다고 생각하니 좀 쓸쓸해졌다. 하긴 어디까지나 내 욕심
이겠지. 사실, 어머니 연세를 생각하면 언제 그만두어도 이상
하지 않은 상황이었다. 어머니의 건강이 우선이고, 안녕이 최
우선이다. 어머니의 국수 한 그릇 받아본 것만으로도 황송한
경험이다. 영원히 식지 않을 따뜻한 장면.

♦ '문득문득 행복하세요'는 MBC 라디오 <굿모닝FM 김제동입니다>의 DJ 김제동 씨가 프로그램 클로
  징 멘트로 즐겨 사용했던 문장이다. 나는 이 프로그램의 목요일 코너 '고독한 여행가'에 고정으로 출
  연했다. 2019년 4월 25일 방송에서 범상집을 소개했으며, 프로그램이 끝날 무렵 "문뜽뭉뜩 행복하
  세요"라는 어머니의 음성 녹음 파일을 들려드렸다.

02

하늘 아래
유일한 국수

강원도 철원군 서면 자등리
갓냉이국수

"12월 1일에 맞선 보고, 12월 13일에 약혼하고, 12월 28일에 결혼했어요. (와, 초스피드!) 엄마가 사윗감 보더니 '우리 딸 안 굶기게 생겼다'며 적극적으로 밀어붙이셨지. (신혼여행은 어디로 가셨어요?) 신혼여행? 아이고 그런 거 없었어요. 결혼하자마자 바로 시가로 들어갔지. 자식은 셋을 낳았어요. 딸-아들-아들. 내가 식당 말고도 하는 게 많아요. (오, 멀티플레이어!) 식당 바로 옆 정육점은 34년 됐어요. 원래 여인숙 자리였지. 노래방은 1996년에 시작했고. 농사도 짓지. 들깨 농사 1000평에, 콩 농사만 4000평. 대파랑 무도 재배하고. (식당은 어떻게?) 식당은 햇수로 7년째인데, 막내아들 때문에 하게 됐어요. 걔가 지역 특산물인 갓냉이에 관심을 갖고 연구를 엄청 해서 결국 엄마 식당 차리게 했지 뭐야. 정작 광고 디자이너인 아들은 일하러 서울에 갔지만. (아니, 그런데 정육점에 노래방에 식당에 밭일까지 언제 다 돌보세요?) 그만큼 손님이 없다는 거지. (일동 대폭소)"

강원도 철원군 근남면을 고향으로 둔 권봉순 여사의 토크 질주가 시작됐다.

"갓냉이? 한마디로 갓 맛이 나는 냉이죠. 산의 8부 능선 이 상에서 자생하는데 온도랑 습도가 잘 맞아야 해요. 경북 봉화 에서도 자라는데 낮과 밤의 일교차가 큰 철원의 갓냉이가 더 맛있어요. 4월 한 달 중 20일 정도만 채취할 수 있어요. 기간이 아주 짧지. 생갓냉이는 향이 정말 말도 못하게 진한데, 거두는 대로 동치미를 담가 일 년 내내 먹어요. (내게 동치미 통을 들어 보 이며) 갓냉이로 동치미를 담그면 국물이 이렇게 분홍빛을 띠어 요. 너무 예쁘죠? (분홍빛과 보랏빛 사이 어디쯤인 것도 같고. 아무튼 곱디고운 빛깔이다) 그런데, 같은 시기에 딴 갓냉이라도 국물 색 이 통마다 조금씩 달라요. 국수 삶아 이 동치미 국물 부어서 내 면 그게 바로 갓냉이국수. 우리 집이 대한민국에서, 아니 전 세 계에서 갓냉이국수를 먹을 수 있는 유일한 곳이에요."

1954년생 권봉순 여사의 입담은 막힘이 없고 쉼이 없다.

"(단일 메뉴 식당이라) 인원수만 말하면 돼요. 갓냉이국수랑 한 우버섯전골은 동시에 나오고 전골 다 먹으면 그 국물로 들깨죽 을 해줘요. (파프리카순장아찌, 토마토장아찌, 무채초절임, 깍두기 등 반 찬 4종 입장) 파프리카랑 토마토도 철원 특산물이에요. 토마토장 아찌는 익지 않은 파란 토마토를 사용해요. 철원은 날씨가 일 찍 추워지는데, 추워서 익지 못한 토마토를 쓰는 거지. (새금새금

한 무채초절임 맛에 탄복한 내게) 가을무 수확해서 겨울 동안 저장했다 이듬해 봄에 절여요. (갓냉이국수와 한우버섯전골 등판) 전골에는 소고기랑 느타리버섯, 새송이버섯, 팽이버섯이 들어가지. 직접 기른 쑥갓과 파도 넣고. 한 번도 파채 칼을 써본 적이 없어요. 일일이 손으로 썰지. (삼삼한 전골 국물 맛에 또다시 탄복한 내게) 농사지은 콩으로 메주를 쑤고, 그 메주를 담가 만든 집간장으로 간을 한 거예요. 옛날 할머니들이 해 드시던 방식이지."

갓냉이국수의 주인장인 권순봉 여사의 청산유수가 끝나려면 아직 멀었다.

"먹는 방법을 알려줄게요. 일단, (소스에) 겨자를 풀어요. 앞접시에 국수를 한 입 거리만 덜어요. (내가 젓가락으로 면발을 뜨자) 아유, 너무 많아. (국수 양을 조금 덜어내자) 아니 그것도 많아, 그거 반만. (앙탈을 부리다 결국 어머니의 '조종'에 순응한 나) 국수 위에 갓냉이를 얹어요. 불고기를 겨자소스에 찍습니다. 푹 찍어요, 안 짜니까. 면에 불고기를 올리고 다음에는 무채를 올려요. (기호에 따라) 쑥갓과 파채도. (1초 만에 사라진 국수 한 젓가락) 이제 동치미 국물을 드세요."

'국물을 마시라'는 어머니의 은총 같은 신호가 떨어지자마자 장내는 '꿀떡꿀떡' 사운드와 감탄사 '캬'의 반복으로 점철됐다. 지난 6월 처음 갔을 때도 초등학교 동창이자 '찐친' 박철호, 라디오가 인연의 물꼬를 터준 정희승 씨 그리고 나, 이렇게 남자 셋이서 연방 탄성을 터트리며 경쟁하듯 음식에 탐닉했다. 반찬도 그렇고 국수도 그렇고 전골도 그렇고 어머니의 음식은 맑은 샘물 같고, 나긋한 살랑바람 같고, 가붓가붓한 새털구름 같고, 느슨한 면바지 같고, 보송보송한 차렵이불 같다. 먹어도 먹어도 물리지 않고 먹어도 먹어도 속이 거북하지 않다. 삽시간에 음식 싹쓸이. 어느새 다가온 마지막 코스. 자작한 전골 국물에 밥과 들깻가루와 새송이버섯을 추가해 만든 버섯들깨죽은 타락죽 같은 향기를 풍긴다. 이유식만큼이나 담박하고 부드럽다.

권순봉 여사의 미주알고주알 혹은 TMI 타임.

"난 레시피가 없어. 계량도 눈대중으로 손대중으로 대충. 그러니까 레시피를 알려주고 싶어도 그럴 수가 없지. (휴대폰에 담긴 수많은 꽃 사진을 보여주며) 꽃 가꾸는 걸 좋아해요. 식당 앞에 다양한 색깔의 수국들이 있잖아요? 그중 붉은색은 인천 덕적도에서 가져온 수국이에요. (어디 편찮으신 데는 없어요?) 있지, 있는데 집에 들어앉아 있으면 더 아파요. (운동하세요?) 운동은 무슨. 장사하고 밭일하느라 시간이 없지. 잠은 잘 자요. 머리만 대면 바로 곯아떨어지지. (스트레스는 어떻게 푸세요?) 내가 말띠인데 말띠들은 막 돌아다니는 성격이거든. 나는 (장사 때문에) 못돌아다니니까 집(정육점과 식당을 뜻하는 듯)에서 손님 받으면서 그냥 수다로 해소하는 거지. 나는 말 안 하는 게 더 힘들어요. 사람들이 날 보면 참 즐겁게 일한다고 하지."

어머니는 수업 끝나는 종이 울리기만 하면 참새 떼처럼 지저귀는 아이들 같다. 아니지, 어머니는 수업 도중에도 짝꿍 옆구리 쿡쿡 찔러가며 조잘조잘하는 학생 같다. 어머니는 씩씩하고, 어머니의 표정과 웃음에는 구김이 없다. 나는 철원의 청정무구한 자연과 어머니의 짱짱한 공력이 함축된 갓냉이동치미 3ℓ와 들깻가루 300g을 샀다(장아찌류도 판매한다). 세 번째 찾아뵐 때는 어머니 좋아하는 꽃 화분이라도 사가야겠다.

MEMO

주소 / 강원도 철원군 서면 자등로 611
전화번호 / 033-458-3178
영업시간 / 오전 11시부터 저녁 8시까지. 오후 2시부터 오후 5시까지는 브레이크.
메뉴 / 갓냉이 한우버섯전골 국수정식 1인(갓냉이국수 1개+한우버섯전골(소고기 50g)+버섯들깨죽)
1만 4000원. 갓냉이 한우버섯전골 국수정식 2인(갓냉이국수 2개+한우버섯전골(소고기 100g)+버
섯들깨죽) 2만 8000원. 갓냉이 한우버섯전골 국수정식 3인(갓냉이국수 3개+한우버섯전골(소고기
150g)+버섯들깨죽) 3만 8000원. 갓냉이 한우버섯전골 국수정식 4인(갓냉이국수 4개+한우버섯전
골(소고기 200g)+버섯들깨죽 2개) 5만 원, 버섯 및 고기 추가(200g) 2만 원, 버섯들깨죽(포장 가능)
8000원, 철원오대쌀막걸리 5000원

03

미궁 속
멕시칸 멸치국수

제주도 서귀포시 성산읍 고성리
멕시칸양념치킨

"엉, 멕시칸 멸치국수?"

지난봄 어느 날, 부산 토박이 박현균 씨와 또렷한 목적 없이 제주 성산읍의 골목골목을 소요하다 우연히 눈에 들어온, 적갈색의 타일을 두른 건물 벽면 보람판에 적힌 일곱 글자 '멕·시·칸·멸·치·국·수'. 아니, 멕시칸 멸치국수라니. 우리의 자랑스러운 소면 문화가 언제 북미대륙으로 건너갔지? 10초간 사고 회로가 정지된 느낌이었다. 눈을 살며시 올려 뜨니 식당이 속한 건물 2층께 직사각형의 돌출 간판이 달렸는데, '맥시칸(검은색, 가로쓰기) 양념치킨(붉은색, 가로쓰기) 각종(검은색, 세로쓰기) 야식(초록색, 가로쓰기) 안주(파란색, 가로쓰기)'라고 쓰여 있다.

'치킨 체인점인데 여러 종류의 야식과 안주를 판다고?'

속으로 중얼거렸다. 고개를 갸웃갸웃하며 자세히 살피니 건물 옆면에는 '멕시칸'으로, 위쪽 간판에는 '맥시칸'으로 표기돼 있다. 멕시칸치킨과 맥시칸치킨은 엄연히 다른 브랜드로 알고 있는데…. 아닌가? 미궁 속을 헤매는 기분.

그때 식당 어머니와 마주쳤다. 평상시 같으면 곧장 식당 문을 열어젖혔겠지만 이상하게 결심이 서지 않았다. 밥 먹은 지 얼마 안 돼(사실이다) 주변 좀 돌아보고 다시 오겠다며 일단 자리를 피했다. 어디를 갔냐고? 어디를 갔겠나. 빵집을 갔지. 걸어서 115m 떨어진 식당 지근거리의 빵집을. 제일성심당에서 빵 몇 개를 거듭거듭 걸어 안고 미로 속으로 자발적으로 걸어 들어갔다. 어떤 일이 펼쳐질지 예측할 수 없었지만, 어떤 일이 펼쳐질지 몹시 궁금했다.

올려다본 메뉴판이 어지럽다. 치킨집이니 프라이드치킨과 양념치킨은 당연하고, 닭을 취급하니 백숙, 닭발, 닭볶음탕까지는 백번 양보해 그럴 수 있다 치자. 그런데, 같은 메뉴판에 올라앉은 칼국수, 수제비, 만둣국, 라면, 국수, 해물전은 어떻게 이해해야 하나. 에라, 모르겠다. 주문부터 하자.

"해물전 하나 먼저 먹고 치킨 시킬게요."
"그럼, 치킨만 먹어. 해물전에 들어가는 오징어가 뻣뻣해."
푸하하. 어머니의 솔직함에 막혀버린 주문.
"네, 알겠습니다."
나에게는 철칙이 있다. 식당 어머니들에게 반항하지 않는 것, 무조건 복종하는 것, 주는 대로 먹는 것. 그러다 보면 자다가도 떡이 생긴다.

치킨이 나오기 전까지 허출함을 달래라며 한라봉 두 개를 건네는(이것 봐요, 제가 떡이 생긴다고 했잖아요) 어머니는 제주, 그 것도 성산 토박이다. 1950년생. 주민등록증에는 1951년으로 기재돼 있다고 한다. 어머니는 5~6년 제주를 비운 적이 있는 데, 부산 국제시장의 청림한복(지금은 없어진 듯하다)에서 근무했 다. 부산에서 고향으로 돌아와 배운 기술을 바탕으로 한복집을 열었다. 실력이 좋은 데다 주변에서 많이 도와줘 장사가 잘됐 던 모양이다. 성실하게 돈을 모아 지금의 식당 건물을 매입, 2 층에 살림집을 마련하고 1층은 세를 놓아 미용실과 치킨집이 들어섰다.

치킨집 1대 운영자는 약 3년간 닭을 튀겼다. 어머니 말로는 수입이 쏠쏠했지만 젊은 여자 혼자 하는 장사라 강도가 들고 이상한 사람이 들끓었다고 한다. 2대 운영자인 부부는 약 5년 간 가게를 맡았다. 이후 어머니가 직접 장사에 뛰어들어 미용 실 공간까지 치킨집으로 확장하고 치킨 이외의 메뉴들을 추가 했다. 어머니가 관장한 세월만 20여 년에 이른다.

'치느님'이 강림했다. 튀김옷이 두껍지 않은 수수한 프라이 드치킨. 안색이 밝다. 기절초풍할 만큼은 아닐지 몰라도 바삭 하고 촉촉하고 닭 비린내 없는, 좋은 닭튀김의 미덕을 두루 갖 춘, 어디 내놔도 크게 빠질 것 같지 않은 치킨이다. 깨소금에 찍어 한 입, 양념치킨소스를 묻혀 한 입, 식초에 절인 무를 반찬 삼아 한 입. 접시가 텅 빌 때까지 계속되는 도돌이표 섭취. 맛은 맛이고 의문은 불완전연소인 상태. 시동을 걸었다.

"어머니, 닭은 본사에서 공급받으시는 거죠?"

"그렇지, 1.2kg짜리(거리가 좀 있어 확실하지는 않지만 이렇게 말씀하신 것 같다) 닭을 받아 사용하지."

어머니의 이 대답을 기점으로 나는 명확한 '사실관계' 파악을 위해 무진히 애를 썼다.

1) 치킨 체인점이 정말 맞나?

2) 체인점이라면 본사는 멕시칸치킨인가 맥시칸치킨인가?

3) '멕과 맥' 두 가지 다른 표기는 단순 실수에서 비롯됐나?

4) 치킨집에서 칼국수와 해물전을 팔 수 있나? (본사의 관리 가 없나?)

5) 프랜차이즈가 아니라면 이런 상호를 써도 괜찮은가?

나의 '탐사취재'는 실패로 끝이 났다. 손에 쥔 것이 없다. 구태여 핑계를 대자면 어머니의 말씀이 하나의 진실한 문장으로 꿰기에는 일관성이 없었다. 아, 몰라 몰라 몰라. 내가 식당 주인도 아닌데 그게 뭐가 중요한가. 맛있게 먹으면 그만이지.

"어머니, 국수 해주세요!"

닭을 제대로 튀긴 어머니는 기대대로 국수도 여물게 말아 냈다. 보란 듯이 시판용 오뚜기 소면을 썼는데, 면발도 면발이지만 상냥한 국물이 마음을 사로잡았다. 성분을 들추어내고 싶었다.

"국물은 어떻게 내신 거예요?"

"멸치, 무, 양파, 대파 뿌리 등 열 가지 정도 들어가지."

음, 뭔가 하나 더 있는 것 같은데.

"밀감즙도 넣지."

그렇구나. 그래서 국물이 향긋했구나. 역시, 제주도답다.

어머니는 국수 옆자리를 반찬 3종 세트, 즉 김치와 깍두기와 단무지로 채웠는데 양질의 고춧가루가 쓰인 진한 낯빛의 김장김치가 걸물이었다. 살짝 나중에 훅 치고 올라오는 매운맛의 시간차 공격이 황홀했다. 깍두기 하나만으로도 차고 넘치는 식상食床이지만 식당에 김치가 떨어진 걸 확인한 어머니는 굳이 위층 집에 가서 가져오셨다. 내가 백년손님도 아닌데 말이다.

"우리 애들 먹이려고 담근 거예요."

어머니는 자식 셋과 손주 일곱을 두셨다.

치킨과 국수와 빵을 사이에 두고 이야기꽃을 피우고 또 피웠다. 식당에는 담배 진열대를 들인 방이 하나 있는데, 그 방에서 어머니는 동네 친구들과 고스톱을 친다. 오늘 낮에도 패를 돌리셨단다. 어머니는 처음에는 빵을 안 드신다며 제일성심당을 마다했는데, 연이어 권하자 치즈 들어간 빵을 가려잡았다. 어르신들 말씀은 '문맥'을 잘 파악해야 한다. 빵을 등진 것이 아니라 앙금빵에 취미가 없을 뿐이다. 나는 식당 문을 나서기 전 고스톱 멤버들 나눠 주시라고 빵을 세 개 더 드렸다. 인심 후한 어머니는 답례로 한라봉 몇 개를 더 꺼내셨다. 아마 농협을 다녔던 두 살 연상의 남편이 작은 규모의 귤 농장을 운영하는 듯했다.

어머니는 갑상샘암 수술을 받은 적이 있다. 15년 지났지만 다행히 별 탈이 없다. 요즘은 병원에서 종종 물리치료를 받는다고. 어머니의 건강과 안녕을 빌어드린다. 이제, 정말 헤어질 시간. 그런데 우리 어머니, 알쏭하기만 한 말씀을 내 뒤통수에 대고 날린다.

"아니, 이렇게 잘생겼는데 왜 장가를 못 갔을까? 성질도 있어 보이는데."

성질과 결혼의 상관관계는 뭘까.

아무튼, 나는 단호하게 맞섰다.

"저 성질 없어요."

어머니는 한층 더 단호했다.

"아냐, 있어."

미궁에서 빠져나온 시각은 저녁 8시 5분경이었다.

MEMO

주소 / 제주도 서귀포시 성산읍 동류암로39번길 9

전화번호 / 064-782-1048

영업시간 / 대략 오후 2시부터 자정까지. 손님 있으면 새벽 2시까지도 장사한다.

메뉴 / 칼국수 5000원, 수제비 5000원, 만둣국 5000원, 라면 4000원, 국수 5000원, 프라이드(치킨) 1만 5000원, 프라이드날개 1만 5000원, 양념치킨 1만 5000원, 백숙 2만 5000원, 닭발 1만 5000원, 해물전 1만 원, 닭볶음탕 2만 원 & 2만 5000원, 닭모래찜 1만 5000원

04

나의 아름다운
달력 계산서

경기도 수원시 장안구 조원동
명성숯불갈비

"대체 어떻게 알고 가는 거예요?"

사람들이 식당 관련해서 가장 많이 물어보는 질문이다. 특급 노하우를 알려드린다. 메모하시기 바란다.

1) 검색한다, 포털사이트나 각종 SNS 등을. 지문이 닳도록.
2) 물어본다, 주변 지인이나 현지 주민에게. 간절한 마음으로.
3) 얻어걸린다.

그렇다. 나라고 별반 다르지 않다. 뾰족수가 없고 지름길이 없다는 의미다. 이따금 '제보'를 받기도 한다. 라디오 애청자나 인스타그램 팔로워들이 댓글이나 DM 등을 통해 알려준다. 물론, 중심을 잘 잡아야 한다. 내 나름의 관점과 기준이 있다. 세상의 모든 식당을 다 가볼 수는 없으니까.

명성숯불갈비는 '지인 찬스'로 알게 된 경우다. 수원에서 학창 시절을 보낸 후배 여행기자 손고은 씨가 고등학교 1학년 때 같은 반에서 수학한 친구 박민영 씨에게 물었고, 민영 씨는 아버지한테 정보를 캐냈단다. 민영 씨 부친은 수원에서 택시를 운전하는, 20년 넘는 경력의 박대양 기사님이다. 지면을 빌려 다시 한번 감사드린다.

main명성숯불갈비는 부부의 식당이다. 경기도 여주 태생의 71세 아내와 충북 청주 태생의 77세 남편이 약 24년간 유지하고 있다. 두 분이 사는 가정집을 개조한 식당. 거실과 방에 많지 않은 수의 테이블을 갖추고 있다. 메뉴판보다 먼저 눈에 띈 존재는, 지금도 있는지 모르겠지만, 아주 오래된 농담 같은, '줄 스위치'가 달린 형광등과 담뱃갑이 듬성듬성 박힌 진열대였다. 하도 담배 심부름을 시키는 손님이 많아 2001년쯤인가 전매청(한국담배인삼공사 전신)에 신고하고 등록한 후 아예 담배 판매를 겸하게 됐다.

명성숯불갈비는 혹독한 노동의 현장이다. A부터 Z까지 식당의 모든 것을 남의 힘 빌리지 않고 자체 해결한다. 늘 종종걸음을 치는 어머니의 옷은 땀과 물로 마를 새가 없다. 명성숯불갈비의 주력 메뉴는 상호에서 드러나듯 갈비, 그중에서도 돼지갈비다. 내 입에는 짠맛이 살짝 도드라지는 달지 않은 양념돼지갈비다. 고기 손질은 숯불 담당이기도 한 남편의 몫이다. '궤짝'으로 들여와 일일이 포를 뜬다. 붙이는 갈비가 아니라 '레알' 갈비다.

— 명성숯불갈비

"99%도 아니고 100% 수제 갈비야. 하도 많이 (포를) 떠서 저 양반 손가락이 휘었다니까."

자부심과 안쓰러움이 섞인 아내의 말이다.

냉면과 막국수도 고된 작업의 결과물이다. 주문이 들어오면 메밀가루에 뜨거운 물을 부어 익반죽한 다음, 마당에 있는 국수틀을 활용해 면을 뽑는다. 그래서 국수 한 그릇 받기까지 시간이 좀 걸린다. 어머니는 '증거물'로 거실에 있는 메밀가루와 밀가루 포대를 가리켰다. 그릇에 담긴 밀가루 반죽도 포착됐다. 칼국수 면도 사다 쓰지 않는다는 이야기(지금은 메뉴판에서 칼국수가 빠져 있다). 두 분의 어깨와 손목이 성할 리가 없다.

청국장도 직접 띄우고, 화성시 봉담읍에 있는 텃밭에서 채소도 몸소 재배한다. 어머니가 손수 운전해서 텃밭과 식당을 오간다. 건물 밖에 있는 커피 자판기 또한 어머니의 관리 대상이다(내가 PX병 출신이라 잘 안다. 자판기 관리가 얼마나 귀찮고 까다로운지). 기사들이 많이 오던 곳이라 식후 커피를 찾는 일이 빈번했는데, 주변에 마땅한 자판기가 없어 아예 들여놓았다고 한다. 자, 선미가 부릅니다. 24시간이 모자라.

식당은 연중무휴에 가깝다. 설과 추석 연휴 때 각각 이틀씩만 문을 닫는다.

"왜 이렇게 쉬지 않고 일하세요?"

나의 우문.

"사람들 왔다가 (문 닫혀서) 그냥 가면 서운해하잖아."

어머니의 현답.

아버지는 한쪽 다리가 불편하다. 12년 전 차에 받힌 적이 있다. 당시엔 별 이상이 없어 박카스 한 박스만 받고 넘어갔다고 한다. 뒤늦게 찾아온 사고 후유증인지 확신할 수는 없지만 5년 전부터 다리 통증이 심해졌다. 쉼표 없는 식당 일이 악영향을 끼친 건 확실해 보인다. 수술 날짜까지 잡았지만 덜컥 겁이 나서 취소했다는 아버지. 그간 치료는 잘 받으셨는지 모르겠다. '최근 가격이 좀 올라(돼지갈비와 삼겹살 3000원씩 인상) 슬프다'라는 명성숯불갈비 관련 블로그 포스팅을 본 적이 있는데, 충분히 납득하지만 아버지의 휜 손가락과 불편한 다리를 목격한 나로서는 차마 그런 말은 못하겠다.

상차림이 성대하다. (두말하면 입만 아픈) 직접 담근 배추김치, 비름나물무침, 오이양파마요네즈샐러드, 오이양파절임, 쪽파겉절이, 열무김치, 마른새우볶음 등이 집합했다. 짠맛이 콕 찌르는, 비리지 않지만 얌전하지 않은, 밥과 영혼의 단짝인 간장게장도 출두했다. 모양새가 일정하지 않은 씽씽한 상추와 깻잎은 또 얼마나 많이 주시던지.

어머니의 자부심이 다시 솟구쳤다.

"사오는 반찬이 하나도 없잖아. 이게 약상추인데 먹으면 가려움증이 없어져."

평상시 가려운 증상이 전혀 없고, 상추 장복과 가려움증 감소의 연관성에 대해 아는 바가 전혀 없지만 날름날름 잘도 먹어치웠다. 갈비만 뜯지 않았다. 청국장과 소머리국밥도 호출했다. 포실한 두부와 통짜 고추를 감싸 안은 청국장은 뒷골이 쑤실 정도로 쿰쿰함이 과도하지 않았다. 맛있게 짭조름했다. 소머리국밥은 쩨쩨하지 않았다. 얇게 저민 것이 아니라 두껍게 썰어낸 고기와 형형한 빛깔의 파가 뚝배기에 그들먹했다. 영롱한 기름방울이 둥둥 떠 있는 국물은 헤어나기 어려운 심연의 세계였다.

두 분의 말씀과 음식에 배부르고 등 따습다. 자리 털고 일어나야지. 전자계산기가 없고 터치모니터가 없는 어머니는 달력 뒷면에 볼펜으로 낱낱이 적어 느릿느릿 합계를 낸다. 지금도 내 낡은 지갑에는 어머니의 '달력 계산서'가 들어 있다. 동화 같은 그 순간을 영원히 얼리고 싶어서다. 헤어짐의 인사를 나눈 나는 어머니의 주머니에 만 원짜리 한 장을 조용히 찔러드렸다. 보잘것없지만 성의의 표시. 순간, 어머니의 위트가 터졌다.

　"내가 더 잘 벌어."

　나는 만면에 웃음을 띤 채 빠른 걸음으로 어머니와 멀어졌다.

MEMO

주소 / 경기도 수원시 장안구 금당로 110-12
전화번호 / 031-258-3265
영업시간 / 오전 11시부터 밤 9시까지.
메뉴 / 돼지갈비 1만 6000원, 삼겹살 1만 6000원, 냉면 7000원, 막국수 6000원, 소머리국밥 8000
원, 청국장 7000원, 김치찌개 8000원, 순두부백반 6000원

05

입추의 여지가 없는
주방

전라북도 임실군 임실읍 이도리
고산집

고산집에 세 번 갔다. 사흘 연속으로 갔다. 2019년 7월 13일 토요일 오후 4시 20분경, 7월 14일 일요일 오전 10시 15분경, 그리고 7월 15일 월요일 낮. 첫째 날엔 어머니의 국수를 먹었고, 둘째 날엔 어머니의 콩나물국밥을 먹었으며, 셋째 날엔 어머니께 인근 수 베이커리에서 산 빵을 드렸다. 크림빵처럼 보드랍고 달콤한 나날이었다.

임실공용버스터미널 바로 뒤, 임실전통시장 초입에 위치한 고산집은 행색이 초라하다. 간판이 없고, 종이에 프린트된 '고산집·국수·콩나물국밥' 세 줄이 식당의 정체성을 수줍게 드러내고 있다. 테이블 3개가 놓인 내부 바닥은 기울었고, 주방은 손바닥만 해서 어머니 한 명만 들어가도 입추의 여지가 없는 상태가 된다. 에어컨은 당연히 없고, 선풍기만으로 염천의 계절을 건넌다. 뜨내기나 외지인이나 관광객이 선뜻 들어오기 어려운 분위기를 짙게 풍긴다.

고산집 어머니는 올해 78세다. 1943년, 임실읍 대곡리에서 태어났다. 스무 살 무렵, 남편 고향인 고산(임실읍 정월리)으로 시

집을 왔다. 14년 정도 서울에서 가구 월부 장사를 하며 타향살이를 한 시기를 제외하면 줄곧 임실에서 생계를 꾸려왔다. 35년 전, 일곱 살 연상의 남편이 세상을 뜨면서 갖은 고생을 홀로 감내해야 했다. 10여 년간 식당 찬모로 일을 했고, 햇수로 23년째 식당을 운영하고 있으며, 6년 전까지 농사를 지었다. 그러니까 아침 일찍 읍내에 있는 집을 나와 고산으로 가서 농사일하고, 낮에 식당을 돌본 세월이 꽤 길었던 것이다. 둘째 아들의 딸 양육을 떠맡기도 했다. 슬하에 1녀 2남을 두었는데 두 아들의 손재주가 남달라 장남은 서울에서 봉제 일을, 차남은 일본 도쿄에서 구두 만드는 일을 한다. 행여 손녀 대학 등록금을 못 낼까 저녁에 폐지를 주워 팔기도 했던 할머니. 기특한 손녀는 장학금 퍼레이드로 보답했고, 졸업 후 유치원 선생님이 됐다고 한다.

성격이 괄괄하고 입심이 좋은 고산집 어머니는 표현력이 범상치 않다. 사흘간 식당을 들락거리며 귀에 걸린 수많은 '어록' 중 몇 개만 추려본다.

(나랑 이런저런 이야기를 나누던 중) "아니 사람이 참 수더분하네. 어떤 사람들은 누추하다고 이런 데 잘 안 들어오고 들어오더라도 바로 나가는데 말이야. 근데 나이가 마흔일곱? 아니 더

들어 보이는데.”

(신산한 본인의 삶을 역설적으로 표현하며) “고생이 깨소금국이지.”

(비가 오지 않는 날들이 길게 이어지자) “비 몇 번 던지더니 잘 안
오네.”

“내가 임실에서 모르는 사람이 없어. 그러니 나한테 뻥을
못 쳐. 왜냐? 내가 더 많이 알거든.”

“손님이 시나브로 가뭄에 콩 나듯 오니까 성질 급한 놈은 (식당)
못해.”

(장사 잘되는 성수면의 막걸리 양조장을 두고) “끝바람 날리지.”

(인색한 사람을 가리키며) “소금이 쉬어버려.”

해학과 익살만 있는 것은 아니다. 다음 대목에서는 울컥했다.

“원래 술 잘 마시지만 30여 년 전에 마시지 않기로 다짐했
어요. 술장사(식당에서 술 판매하는 걸 의미하는 듯)도 천한데, 술 먹
고 개지랄하고 장사하면 더 천해요. 그래서 안 먹어요. 사람들
이 나 보고 지독하다 그래요. 그래야 밥이라도 먹고살지 아니
면 죽도 못 먹어요.”

찬란한 꽃무늬 패턴의 옷을 위아래로 입은 어머니가 국수
한 그릇을 뚝딱 말았다. 멸치로 국물을 내고, 자연 건조 방식을
고수하는 백양국수를 쓴다. 보동보동한 중면이다. 호박, 당근,

파, 양파를 가늘고 길쭉하게 썰어 면과의 호흡이 좋다. 반찬은
배추김치 달랑 하나.

"어머니, 너무 맛있어요."

"양념장(간장+고춧가루)이 맛있어서 국수가 맛있는 거야."

어머니가 기분이 좋은지 슬쩍 음식 자랑을 늘어놓는다.

"사람들이 콩나물국이 맛있다고 해. 한 그릇 줄까요?"

어머니의 콩나물국은 단출함과 간결함의 절정이다. 물, 콩
나물, 소금 이외에 어떤 것의 도움도 받지 않는다. 멸치 육수도,
다진 마늘도, 국간장도, 다진 파도, 깨도 진입을 불허한다.

"두 번 끓어오르면 거품을 싹 거둬내고 냄비째 찬물에 식
혀. 그리고 (김치)냉장고에 보관하지. 키 작은 콩나물이 맛있어."

어머니의 콩나물국은 유독 맑고 깨끗하고 시원하다. 너무
시원해서 축농증이 해결되고, 막힌 하수구도 뚫릴 것 같다. 소
주나 막걸리 한 병 주문하면 반찬과 콩나물국 그리고 가끔 부
침개를 내오는데, 손님들이 냉콩나물국 이외의 다른 건 가져오
지 말라고 할 정도다.

"어머니, 콩나물국 한 그릇에 3000원 받으세요!"

물론 그럴 리 없다.

국수 가격은 4000원. 콩나물국까지 얻어먹은 터라 송구해서 5000원을 드렸더니 추상같이 말씀하신다.

"목마른 사람한테 물 한 잔 준 건데 무슨 돈을 더 받아. 한 번도 돈 더 받은 적 없어요."

이럴 땐 군소리 다는 게 아니다.

"네, 알겠습니다. 내일 콩나물국밥 먹으러 올게요. 오늘은 배도 부르고 날도 더워서 커피나 한 잔 마시고 일찌감치 여관 들어가서 쉬어야겠어요."

"커피? 어디서 마시게? 내가 타줄까?"

헤헤, 믹스커피까지 얻어먹었다.

예고한 대로 이튿날 콩나물국밥을 먹으러 갔다. 맛? 콩나물국이 기가 막힌데 콩나물국밥이 맛이 없을까. 냉콩나물국에 파, 마늘, 밥, 달걀, 고춧가루 정도가 참여한 국밥이 입맛에 너무나 잘 맞아 고개를 들 겨를이 없었다. 그릇에 코를 박고 있는데, 성수면에 사신다는 한 아버님이 들어오셨다. 내년이면 팔순이 되는 아버지는 5분 만에 사선막걸리(성수면 소재 양조장에서 만든다) 반병을 비웠다. 반찬은 역시 냉콩나물국 하나. 나도 따라 한 병 청해 마셨는데 단맛이 크게 일렁이지 않아 흡족했다. 슬며시 내 상에 있던 김치를 아버지 앞에 놔드렸다.

"내가 소 아홉 마리랑 염소 아홉 마리를 키우는데 얼마 전

소 다섯 마리를 팔았어. 오늘 점심은 만 원짜리 갈비탕 먹을 거야. 비싼 놈으로 먹을 거야."

잠시 후 부부로 보이는 두 분이 입장했다. "아니 어디서 아는 목소리가 흘러나와." 성수면의 아버님과 아는 사이인 듯했다. 내부가 워낙 협소해서 자리를 내드리려고 어머니께 인사를 드리고 나왔다. 생면부지의 젊은 사내가 신기했는지 세 어르신이 주인장에게 "뭐하는 사람이야?"라고 물어보는 소리가 식당 밖으로 새어나온다.

"전국을 돌아다니며 사진 찍는다는데, 잘 몰라."

MEMO

주소 / 전라북도 임실군 임실읍 운수로 20
영업시간 / 쉬는 날 없이 아침 8시부터 저녁 8시까지.
메뉴 / 국수 4000원, 콩나물국밥 6000원

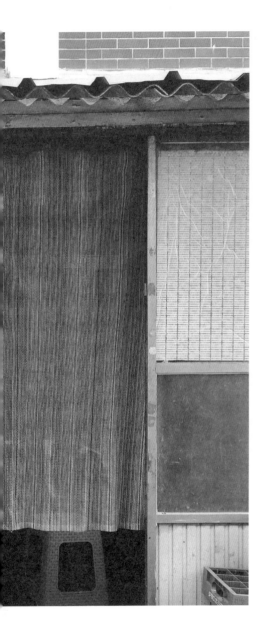

테이블 3개가 놓인 내부 바닥은
기울었고, 주방은 손바닥만 해서
어머니 한 명만 들어가도
입추의 여지가 없는 상태가 된다.
에어컨은 당연히 없고,
선풍기만으로 염천의 계절을
건넌다.

06

아이고,
국수 좀 그만 주세요

대구시 남구 대명동
비산국수집

비빔국수 두 개를 주문한 두 명의 중년 여성.

"아니 이렇게 퍼주면 뭐가 남아요?"

주인 어머니의 평온한 대답.

"어디 돈 벌라고 하나, 시간 보내려고 하지."

혼자 와서 칼국수 하나를 부탁한 남자 손님.

"쪼매가(조금이) 아니잖아요. 와, 무섭다. 한두 번 당해야지."

그런데, 남자의 국숫값을 받지 않으려는 어머니.

"전에 박카스 사줬잖아. 일도 많이 도와주고. 나중에 또 맛있는 거 사줘."

역시 혼자 와서 비빔국수 한 그릇을 청한 중년 남자. 국수 퍼 담는 어머니를 보더니 벌떡 일어나며 한숨을 내쉰다.

"아이고, 또 저런다."

계명대학교 대명캠퍼스 후문 바로 앞에 자리한 비산국수집에서 흔히 볼 수 있는 설왕설래의 풍경이다.

비산국수집은 1942년생, 그러니까 우리나이로 79세인 대구 태생의 정월연 어머니가 홀로 지탱해온 국숫집이다. 어머니는 원래 지금 자리 근처에서 비산식당이란 이름으로 밥장사를 시작했다. 그때가 1989년. 곰탕, 설렁탕, 선짓국 등을 팔았는데 규모가 꽤 컸고, 장사도 잘됐다. 당시 음식 가격은 2000원 대에서 형성. '티끌 모아 태산'이라고 이때 번 돈으로 칠곡에 자그마한 땅도 사고 아파트도 장만했단다(얼마나 다행인지 모른다).

계명대 음대를 졸업한 백선미 씨의 기억에 따르면 손님들 가운데 예비역 남학생들이 유독 많았고, 여학생들은 '아재' 분위기가 물씬해서 잘 안 갔다고 한다. 어느 날 비산식당 간판에서 '산' 한 글자가 떨어진 이후 '비식당'으로 불렸다는 첨언. 시간이 흘러 어머니는 식당을 접고 '이제 좀 쉬어야지' 생각했지만 휴식은 오래가지 못했다. 결국 손을 못 놓고 2011년, 와플도 파는 동네 슈퍼마켓 자리에 현재의 국숫집을 출범시켰다.

부지런한 어머니는 집이 있는 칠곡에서 버스를 타고 아침 8시 반쯤이면 4인용 테이블 4개가 전부인 아담한 식당에 도착한다. 오자마자 오종종한 주방에서 국수 국물을 뽑고, 반찬을 마련한다. 김치 하나만 있어도 황송할 국숫집인데 반찬을 서너 가지나 준비한다. 밥장사를 했던 관성 때문이다. 내가 갔을 때도 배추김치, 깍두기, 무절임, 부추김치가 반찬 통에 가지런했다.

여기서 왜 처음 온 손님이나 단골이나 양이 많다고 아우성치는지 설명해야겠다. 믿기 어렵지만 칼국수를 주문하면 비빔국수를, 비빔국수를 주문하면 칼국수를 공짜로 제공한다. 혼자

우리동네 우리사회

세상 어디에도 없는 2,500원짜리 국수

할머니의 숨결 어린 작은 국숫집

오든, 둘이 오든, 셋이 오든. 아무리 손사래를 치며 극구 사양해도 어머니의 '국수 세례'를 피할 수는 없다. 태양을 피할 수는 있어도. 국수 한 그릇의 양도 푸짐한데, 서비스 국수까지 합세하면 양이 정말 어마어마해진다. 뱃구레가 어지간히 큰 사람도 남김없이 먹어 치우기가 쉽지 않다. 그러니 비산국수집에서 "어머니, 저 배고파요"나 "어머니, 저 많이 먹어요" 따위의 말은 금기어에 해당한다.

가격도 좀처럼 믿기 어렵다. 칼국수와 비빔국수 공히 3000원이다. 내가 처음 방문했던 2018년 10월에는 칼국수 가격이 2500원이었다(건진칼국수는 당시에도 3000원). 그때 둘이서 건진칼국수(면을 따로 삶아 국물을 부어 만든 국수. 제물국수는 처음부터 면을 함께 넣고 끓인다) 2개를 시켰는데 커다란 그릇에 엄청난 양의 비빔국수를 만들어주셔서 적잖이 당황했고, 꾸역꾸역 다 먹느라 진땀깨나 흘렸던 기억이 난다. 심지어 서울에서 왔다고 국숫값 6000원에서 1000원을 깎아주려고 하는 게 아닌가(물론, 다 냈다). 20년 넘게 방방곡곡, 골골샅샅, 면면촌촌 돌아다니며 절절하게 느낀 바, '곳간에서 인심난다'는 속담은 자주자주 틀린다.

"아니 왜 이렇게 손이 크세요?"
"많이 줘도 아깝지 않고 행복해. 나중에 편안하게 갈 것 같아."
그러니까 어머니는 수십 년 동안, 주머니 사정이 넉넉하지 않은 아이들 배불리 먹이고 그걸 보는 낙으로 사셨던 게다.

예전에는 계명대 후문 쪽 식당들이 사람들로 바글바글했다. 지금도 꾸준하게 손님이 이어지지만 예전만 한 활력은 없다. 계명대의 대부분 학과가 성서캠퍼스로 이전한 탓이다. 배가 동글어지도록 국수를 흡입하고 나서 배를 꺼트릴 겸 대명캠퍼스 곳곳을 산책했다. 건물은 변함없이 아름다운데, 사람의 온기를 많이 느낄 수 없어 어딘가 좀 허전했다.

내 앞에 놓인, 비산국수집 어머니가 만들어준 건진칼국수를 물끄러미 바라본다. 미지근한 국물에 약간 넓적한 면이 가득 담겨 있고 호박, 김 가루, 참깨가 흩뿌려져 있다. 맛있는 양념장은 별도. 가느다란 소면에 초고추장과 오이채, 김 가루, 참깨 등을 수북하게 올린 비빔국수는 맵지 않고 좀 짠 편이다.

그동안 얼마나 많은 학생들이 어머니의 국수를 맛보았을까. 그동안 얼마나 많은 사람들이 어머니의 넘치는 인정을 맛보았을까. 어머니의 국수는 끝이 없고, 어머니 마음의 너비에도 끝이 없다.

MEMO

얼마 전 대구에 사는 <노중훈의 여행의 맛> 애청자 한 분이 이런 내용의 문자를 보내왔다.
가게에 도착하니 영업은 하지 않고 수리가 진행 중이라 작업 인부에게 물어보니 다른 가게로 바뀐다고
말씀하셨어요. 전에도 주인할머니께서 편찮으셔서 문 닫는 시간이 대중없거나 아예 문을 열지 않는 경
우가 많았는데 아무래도 건강이 좋지 않으신 걸로 느낍니다.'
이후 직접 전화를 걸었으나 없는 번호라고 안내되는 상태다.

태미주막 대전시 중구 대흥동 철부식당 전라북도 순창군 순창읍 순화리 홍탁도문포집 서울시 중구 신당동 삼월식당 서울시 중구 인현동1가

진이식양 경상남도 함안군 가야읍 말산리 순대국립 전라남도 장성군 장성읍 영천리

대낮의 막걸리 시퀀스

겨우 막걸리 반 되를 시켰을 뿐인데 고구마잎볶음과 고구마줄기볶음 이외에
도 호박볶음, 가지무침, 부추무침, 깻잎장아찌, 오이무침, 배추김치 등이 줄줄
이 상에 올랐다. 완연한 여름 밥상이자 온전한 여름의 맛이었다. 어머니가 손
수 빚은 막걸리는 청포도 100알을 입에 넣고 우적우적 씹는 느낌이 들 만큼 새
콤새콤했다.

이층집 감자부침

대전시 중구 대흥동
테미주막

나는 매체 인터뷰에 잘 응하지 않는다.

1) 요청받는 일 자체가 거의 없다.
2) 요청이 오더라도 들려줄 이야기가 없다.
3) 대답하는 쪽보다 물어보는 쪽을 좋아한다.

나에게도 '친정'이 있다. 2주 남짓 다닌 삼성은 친정이라
부르기 뭣하다. 내 친정집은 여행신문이라는 언론사다. 20세
기 말과 21세기 초에 걸쳐 약 2년 5개월간 나는 여행신문 기
자로 일했다. 주간 신문 이외에 월간 잡지도 발행한다. 제호는
<Travie>, '트래비'라고 읽는다. 몇 달 전 <Travie>에서 인터뷰
를 제의했고, 나는 거절하지 않았다. 친정 일이니까. 대면 인터
뷰와 서면 인터뷰를 병행했는데, '50문 50답'의 항목 중 이런
질문이 있었다. '살면서 가장 잘했다고 생각하는 일.' 나는 망설
임 없이 이렇게 답을 적어 보냈다.

라디오를 좋아하는 일.

나는 라디오로 음악을 배웠고, 라디오 DJ를 동경했으며, 라디오를 통해 세상의 자질구레한 일들을 알았다. 라디오는 나의 기쁨과 노여움과 슬픔과 즐거움이었고, 이고, 일 것이다. 매주 여러 라디오 프로그램의 코너 게스트로 참여하고, 하늘이 보우하사 내 이름을 내건 프로그램(MBC 라디오 표준 FM <노중훈의 여행의 맛>)의 진행까지 맡고 있으니 나는 틀림없는 '성덕'이다.

라디오에 빚진 게 많은 나는 라디오에, 좁혀 말해 라디오의 존재 목적인 라디오 청취자를 위해 뭐라도 하고 싶었다. 그래서 생각해낸 것이 라디오 애청자 보은 투어다. 이름은 거룩하나 대단한 일은 아니다. 늘 어딘가를 쏘다니는 직업을 갖고 있으니 지방 출장 때 잠시 겨를을 얻어 몇몇 애청자들에게 밥 한 끼 사는 게 전부다. 개인 SNS를 빌려 사전에 공지를 하고 신청을 받는다. 미약하고 미미한 수준이지만, 그리고 감사한 마음 100분의 1도 표현할 수 없지만 정말이지 뭐라도 하고 싶었다. 이건 나의 거짓 없는 참된 마음이다. 코로나19로 중단되기 전까지 남원·김천·원주·순창·곡성·익산·춘천·청주·부산 등지에서 보은 행사를 진행했고, 매번 '이보다 더 행복할 수 없는 시간'을 보냈다. 서설이 길었는데, 대전 지역 애청자들을 만난 곳이 바로 대흥동의 테미주막이다.

약속은 저녁에 잡혔지만 내가 테미주막을 방문한 때는 오후

3시 50분쯤이었다. 알려진 정보가 극히 적어 혹시나 영업을 안 하거나 영업이 일찍 끝날지도 모른다는 불안감 때문이었다. 계단을 올라 2층에 자리한 테미주막의 문을 여는 순간, 눈앞에 펼쳐진 그 풍경을 나는 지금도 잊을 수가 없다. 식사 중인 할아버지 두 분과 그 옆에 다정하게 서 있는 주인 어머니. 식당 창문으로 비껴든 오후의 햇살과 난로 위 주전자에서 서리서리 피어오른 수증기. 아, 그 따스한 질감이라니. 나는 예를 갖춰 물었다.

"어머니, 이따 7시에 다섯 명 정도 모이려고 하는데 저녁에도 괜찮으세요?"

"우리 집은 늦게까지 하니까 편하게 오세요. 원형 테이블로 준비해놓을게요."

어머니 목소리가 봄볕처럼 포근하고 봄바람처럼 훈훈했다.

올해 78세인 테미주막 어머니는 전남 목포에서 태어나 30여 년 전 대전으로 이주했다. 엄마를 일찍 여의고, 오빠가 있지만 본인이 엄마처럼 두 동생을 키웠다. 대전에 정착해서는 양품점을 차려 10여 년간 일했다. 이후 20여 년간 현재 위치에서 다방을 거쳐 식당을 이끌고 있다.

대전 지역 애청자 네 명과 둥그런 탁자에 앉아 살아온 이야기와 사는 이야기를 나누었다. 다채로운 삶의 흔적과 궤적과 목적들. 수다의 희열은 어머니의 음식들로 인해 배가됐다. 가장 반가운 '엔트리'는 곱게 갈거나 길쭉하게 채를 치지 않고 납작납작 썰어 부친 감자전이었다. 다른 집은 몰라도 우리 집은 이렇게 해서 먹었다. 저녁밥 반찬으로 도시락 반찬으로 무던히도 먹었다. 오랜 기간 벗하다 한동안 잊었는데 뜨겁게 재회했다. 내 입에는 무결점의 '마스터피스'였는데, 어머니는 마음에 들지 않는다며 새로 한 판을 더 부쳤다. 첫 번째 감자부침이 완벽하다 믿었던 내 철딱서니 없는 혀는 '세계신기록'을 경신한 두 번째 감자부침에 열렬한 환호를 보냈다. 튀기듯 부치지 않고 녹녹하게 마감한 녹두부침 또한 내 이상형과 일치했다.

갈기를 세우지 않는 양념이 어루만진 오삼주물럭(오징어+삼겹살)과 폭삭 익은 김치가 돼지고기 및 두부와 결탁해 위력을 발휘한 김치찌개도 풍만한 식탁의 일원이었다. 화룡점정은 콩나물국, 콩나물국, 콩나물국이었다. 콩나물 비린내가 추방된 온전하게 투명한 국, 콩나물 한 올 한 올이 생생하게 살아 있는 개결한 국, 청양고추를 넣어 맵고 싸한 국. 거기에 방금 지어 김이 폴폴 솟는 밥까지. 이런 국과 이런 밥이 있다면 다른 곁들이가 별로 필요 없을 것 같았다.

간만에 식당을 그득 채운 활기에 기분 좋아진 어머니는 밤이 이슥해지자 옛이야기를 풀어놓았다. 주름 많은 생애, 삶의 갈

피마다 찾아온 시련과 극복, 그리고 식당 명함에 적혀 있는 '예명' 정선영에 대하여. 예상보다 훨씬 늦은 시각까지 흘러간 이날의 모임은 "다음에 또 놀러 오세요"라는 어머니의 정다운 초대로 매듭을 지었다.

이틀날 오후, 대전 지역 문화 잡지인 월간 <토마토>의 이용원 편집국장을 만났다. 대전 빠꼼이인 그는 테미주막 어머니를 '성격 있고 음식 솜씨 빼어난 분'으로 묘출했다. 그러면서 인터뷰를 위해 오랫동안 공을 들였지만 한사코 거절하는 바람에 뜻을 이루지 못했다고 덧붙였다. 어젯밤, 어머니의 구구절절한 사연을 들은 나는 무슨 대단한 기밀이라도 획득한 듯 의기양양해졌다.

다음에 또 오라는 어머니의 제안에 나는 3개월 보름 후 화답했다. 대전시 대덕구 대화동의 한밭식당에서 소머리국밥과 두부두루치기로 늦은 점심을 해결한 나는 동구 신안동에서 40여 년을 보낸 호돌이만두로 자리를 옮겨 투박한 찐만두 15개를 5000원에 구입했다. 비닐과 신문지에 돌돌 싸인 만두 몇 개를 테미주막 어머니께 나눠드렸다. 이번에도 변함없이 감자부침을 소환했고, 어머니는 변함없이 콩나물국을 내놓았다. 부침과 국의 호위를 받으며 소주를 쪼르륵 따르니 '바베트의 만

찬'보다 더 풍요로운 음식상이 완성됐다. 혼자였지만 외롭지 않았다.

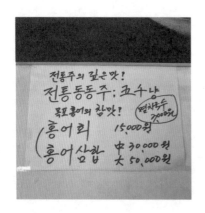

MEMO

주소 / 대전시 중구 테미로 2(기산이용원 주소. 테미주막은 같은 건물 2층에 있다)
전화번호 / 042-252-0320
영업시간 / 어머니 피곤하시니 너무 늦게까지 있지는 말자.
메뉴 / 녹두부침 6000원, 해물파전 8000원, 정구지부침 6000원, 감자부침 7000원, 김치부침 6000
원, 돼지껍데기 7000원, 돼지주물럭 1만 원, 돼지오삼주물럭 1만 5000원, 두부두루치기 7000원, 양
념닭발 7000원, 달걀말이 8000원, 김치찌개(1인) 5000원, 매운탕 예약, 동태찌개 小 1만 원, 홍합탕
5000원, 어묵 大 5000원, 우동 4000원, 멸치국수 3000원, 묵 5000원, 홍어회 1만 5000원, 홍어삼
합 大 5만 원 中 3만 원

어디 고추장만
순창의 보물이랴

전라북도 순창군 순창읍 순화리
칠보식당

칠보식당에 처음 입성한 때가 지난해 여름, 정확히는 2019
년 7월 12일 금요일 저녁 7시 20분경이다. 아, 바로잡아야겠
다. 그보다 몇 시간 전이다. 같은 날 오후 미리 들러 저녁 7시
반쯤 서너 명이 오겠다고 말씀드렸다. 당시 어머니는 식당에
딸린 방에서 오수를 즐기던 차였다. 내 몸가짐은 가지런했고,
말투는 공손했다. 어르신의 오침을 깨운 것이 송구하기도 했거
니와 언젠가 까칠하다는 블로그 글을 본 적이 있어서다.

칠보식당 어머니의 첫인상은 강렬했다. 블링블링한 검은색
셔츠에 흰 바지를 입고 흰색 고무신을 꿴 차림. 게다가 머리는
보랏빛이었다. 남다른 패션 감각, 그리고 상대방을 고분고분하
게 만드는 분위기 장악력이 있었다. '저녁 식사 자리가 편치만
은 않겠구나' 속으로 생각했다. 하지만 섣부른 편견과 선입견
은 그날 저녁 산산이, 기분 좋게 부서졌다.

광주광역시 태생으로 올해 71세인 조미화 어머니는 순창
이 알아주는 가수다. 송해 선생님과 이음동의어인 <전국노래
자랑>에 두 번이나 출전해 한 번은 우수상, 한 번은 최우수상
을 거머쥐었다. 어머니의 '가창 역사'는 상당히 오래됐다.

"열일곱 때 친구랑 장흥(전남)에 있는 어떤 산에서 노래를 부르며 놀고 있는데, 오후 공연을 마치고 잠시 쉬러 온 극단 사람들 눈에 띈 거야."

요즘으로 치면 길거리 캐스팅이었다.

"기타 치는 친구는 빼고 나만 스카우트됐지. 그길로 극단에 들어가 지방 공연을 다니게 됐는데, 아버지한테 걸려 두 달 만에 그만뒀어. 진도에서 붙잡혔거든."

어머니의 표현을 빌리자면 친정아버지는 김두한보다 더한 주먹 건달이었다. 경찰과도 '인연'이 깊어 딸의 행방을 손쉽게 추적할 수 있었던 것이다. 어머니의 개인사와 가정사를 여기서 다 밝힐 수는 없지만 결국 발목을 붙잡는 이런저런 이유로 가인歌人의 꿈은 접을 수밖에 없었다.

"시대를 잘못 만났지, 뭐."

어머니는 햇수로 39년째 순창의 작은 식당을 지키고 있다.

전주에 사는 김영 씨와 광주에 사는 정승 씨. 두 명의 라디오 애청자와 함께 몇 개 없는 칠보식당 테이블에 자리를 잡았다. 우선 청한 음식은 목살김치찌개. 콩자반, 멸치볶음, 고추장아찌, 고추나물, 무생채, 가지무침, 오이무침 등의 반찬이 깔렸다. 하나하나 정갈했고, 맛이 흐트러짐이 없었다. 지난해 담근 김장 김치와 담근 지 얼마 안 된 김치가 섞인 김치찌개는 맛이

깊을 뿐만 아니라 두 가지 김치가 주는 상이한 식감이 흥미로 웠다. 칠보 어머니는 김치에 들어가는 젓갈도 직접 사서 푹 끓 인 다음 '윗물'과 '아랫물'을 걸러내는 수고로움을 마다하지 않 는다. 김치찌개의 양이 워낙 많았지만 손맛이 빼어나 다른 음 식도 불러들이지 않을 수 없었다. 두 번째 메뉴는 생고사리조 기탕. 봄에 햇고사리를 1년 치 구입해 냉동 보관하는데, 내일 쓸 양만 전날 미리 해동하고 불려 사용한다. 조기는 생조기가 아니라 섭간한 다음 말린 굴비를 사용해 비린내가 조금도 얼 씬거리지 않는다. 시원하고 또 시원해서 숟가락이 연신 국물을 입속으로 퍼 날랐다.

칠보식당 어머니는 한 종류의 술만 드신다. 순창군 쌍치면 에서 재배하고 거둬들인 오디(뽕나무의 열매)로 만든 뽕술. 이날 어머니는 장성한 조카와 술잔을 기울였는데, 나중에 흥이 오르 자 드디어 유행가 한 곡조를 뽑았다. 노래 제목은 기억나지 않 지만 첫 소절부터 듣는 사람의 몸을 움질거리게 만든 어마어마 한 성량과 희로애락이 모두 담긴 듯한 허스키한 목소리는 지금 도 귀에 선연하다.

영업 종료 시간을 넘겨 밤 9시 30분쯤 네 명의 남자 손님이 식당 문을 열고 들어섰다. 어머니는 "금요일 밤에는 2부가 있 어"라며 단골손님들을 기꺼이 맞아주었다. 산낙지를 안주로 몇 순배 술이 돌았고, 옆 테이블의 우리 일행과도 자연스레 말이 오갔다. 화제의 중심은 역시 칠보 어머니의 인생 역정. 30여 년간 근무한 베테랑 군청 직원은 "누님은 순창의 보물"이라며 자랑스러워했다.

무뚝뚝하게 보이지만 속정이 깊은 칠보식당 어머니는 식사가 끝나자 방울토마토와 체리를 챙겨주셨다. 그리고 오는 10월 초면 우린감을 맛볼 수 있으니 꼭 다시 오라고 당부했다. 우린감은 감김치, 침감, 침시 등으로도 불리는데, 감을 잘 씻어 소금물에 넣어 며칠간 밀봉하거나 뜨거운 물에 담가 아랫목에 두면 떫은맛이 사라진다고 한다. 우린감을 먹으러 갔어야 했는데…. 뭐가 바쁘다고 못 갔을까. 그래도 이듬해 1월, 정확히 2020년 1월 13일 월요일 오전 10시 35분, 다시 칠보식당 앞에 섰다.

"어머니, 저 기억하시겠어요?"

"어, 거시기 김제동이, 뭐야 거 사진작가?♦"

"네, 맞아요."

어머니는 작두콩차부터 내밀었다.

♦ 칠보식당 이야기는 2019년 7월 18일 목요일 MBC 라디오 <굿모닝FM 김제동입니다>의 '고독한 여행가' 코너에서 소개한 바 있다.

"껍질이 억세서 작두로 잘라. 그래서 작두콩이야. 뻥튀기 기계로 볶은 다음, 물 붓고 끓여 마시면 노폐물 배출에 좋아. 나는 생수나 정수기 물 안 마시잖아."

메뉴를 고를 차례. 어머니가 먼저 메뉴판에 없는 메뉴를 제안한다.

"오리탕에 밥 먹을래? 아님 김칫국 끓여줄까?"

"저는 항정살애호박찌개가 먹고 싶어요."

"그럼, 조금만 끓여줄까?"

분명 '조금만'이라고 했는데 실제 나온 찌개는 서너 명이 달려들어 먹어도 될 만큼 푸짐했다. 돼지고기가 그야말로 무더기로 쏟아졌다. 꺼내고 꺼내도 끝이 없었다.

"애호박은 너무 익히면 안 돼. 설컹설컹 씹혀야 맛있지. 설컹설컹이란 말 알아?"

애호박찌개 국물이 달큼했고, 어머니 말씀도 달큼했다.

혼자 받는 밥상인데 반찬은 또 어찌나 많은지. 다 꺼내지 말라고 신신당부했는데도 무려 여덟 가지나 내어 주셨다. 직접 만든 편육을 위시해 갈치속젓과 밴댕이젓을 섞은 젓갈, 감자채볶음, 겉절이김치, 총각김치, 깻잎장아찌, 멸치볶음, 찐 양배추까지. 갓 지은 밥 두 공기가 눈앞에서 사라졌다. 더할 나위 없는 왕후의 밥과 왕후의 찬.

포만감에 젖어 무연하게 앉아 있는데 칠보 어머니가 후식으로 먹으라며 무심한 듯 바나나 한 개를 툭 떼어 테이블에 올려놓는다. 식당 문을 나설 때는 삶은 옥수수 두 개를 손에 쥐여 주신다. 얼마 되지 않지만 지갑에 있는 현금을 전부 내드리고 다시 길을 잡았다. 싸락눈 날리는 순창의 오전 11시 30분. 검은색 상의에 회색 털조끼를 걸치고 검은 모자를 눌러 쓴 칠보식당의 어머니는 오늘도 멋쟁이다.

MEMO

주소 / 전라북도 순창군 순창읍 옥천로 13-6

전화번호 / 063-653-6770

영업시간 / 점심때쯤 열어 보통 밤 9시쯤 닫는다. 쉬는 날 없음.

메뉴 / 목살김치찌개(국내산 돼지고기) 小 3만 5000원, 홍어회·탕(국내산 가오리) 大 5만 원 小 3만 5000원, 병치회·탕 大 5만 원 小 3만 5000원, 생고사리조기탕(영광 조기) 大 5만 원 小 3만 5000원, 갈치감자탕(국내산 갈치) 大 5만 원 小 3만 5000원, 생태탕(러시아산 생태) 大 5만 원 小 3만 5000원, 항정살제육볶음 大 5만 원 小 3만 원, 항정살애호박국 大 5만 원 小 3만 5000원

매운 인생이 펴낸
감칠맛

03

서울시 중구 신당동
홍탁목포집

"할머니가 요리사(요리사처럼 음식을 잘 만들었다는 뜻인 듯)였지. 동네잔치가 있으면 며칠 전부터 불려가 준비하셨어. 그 솜씨를 물려받은 것 같아." 어머니로부터의 내리 물림은 사실상 불가능했다. 10대 때 돌아가셨기 때문이다. 아버지는 더 일찍 세상을 등졌다. 겨우 세 살 때였다. 할머니 손에서 클 수밖에 없었다. 고모의 중매로 굉장히 이른 나이에 결혼했다. "목포 '건달'이었지. 3년 전 저세상으로 떠났는데, 살면서 단 한 번도 '고생했다'는 따뜻한 말 한마디 못 들었어요. 다른 사람들에게는 참 다정했는데. 그게 가장 서운해요. 그래도 가끔가끔 보고 싶어요. 미운 정이라는 게 있으니까."

결혼 근처에도 못 가본 내가 부부의 연과 부부의 정을 어떻게 마름할 수 있을까. 그저 묵묵히 경청할 뿐.

40여 년 전 상경, 1984년(어머니는 연도를 조금 헷갈렸다, 1984년 이후라고만 했다) 지금의 자리에서 식당을 열었다. 처음에는 튀김을 팔았고, 시간이 지나며 튀김 대신 국수를 팔고 백반을 추가했다. 사람들이 점점 술안주를 요구해 제육볶음을 명단에 넣었다. 돼지고기 수육과 홍어의 조합은 20여 년 전부터 선보였다. 쥔 것 없이 먹고살려니 쉴 틈이 없었다. "서서 잤다"고 술회할 만큼 종일토록 음식 장사에 진력했다. 나날이 고단했고, 매일매일 매웠으며, 하루하루 고됐다.

가게에 딸린, 천장이 낮아 일어설 수도 없는 다락방에서 아이들을 키웠다. 딸 하나, 아들 둘. 매 한 번 안 들었다. 무탈하게 자라 모두 가정을 꾸린 자식들은 경기도 김포와 화성 등지에서 산다. 손녀만 넷. 큰손주는 대학을 졸업하고 벌써 직장을 다닌다. 돌아보면 쏜살같이 흘러간 세월이다. 자식들은 엄마 위하는 마음이 끔찍하다. 그래도 채워지지 않는 빈자리가 왜 없겠나. "평생 비행기 한 번 못 타봤어요. 부럽지는 않은데, 요즘 들어 내 인생은 뭐가 있나 좀 허전해요." 장사 마무리하고 밤 10시부터 남산 둘레를 걷는 야간 산책이 그의 메마른 들판을 적시는 시간이다. 그런데, 누구의 스토리냐고? 목포 '옆 동네'인 전남 영암에서 1녀 2남 중 둘째로 태어나 올해 예순여덟이 된 어머니, 서울 지하철 청구역 1번 출구 부근 도로변에 옹그리고 있는 홍탁목포집 어머니 이야기다.

홍탁목포집은 점심과 저녁이 딴판이다. 즐거운 딴판이다. 점심에는 국수를 내고, 저녁에는 수육과 홍어를 차린다(저녁에도 짬이 나면 종종히 국수를 삶는다). 한때는 새벽 4~5시쯤 출근해

아침 6시경 공사장 인부들에게 아침밥도 제공했다. 꼭 염두에 두어야 하는 사실이 있다. 예약제로 운영되는 저녁은 경쟁률이 높다. 알음알음 소문이 번져 호시탐탐 기회를 노리는 사람들이 많다. 수요는 많은데 자리 공급은 턱없이 부족하다. 테이블이 하나다. 최대 12명이 동시에 앉을 수 있는 긴 탁자다. 처음에는 여느 식당과 다를 바 없는 일반적인 테이블이었는데, 사람들이 자꾸 걸려 넘어지자 어머니가 직접 수치를 재서 서울중앙시장에 제작을 의뢰한 맞춤형 테이블이다. 다른 식당에서는 여간해서 찾아보기 어려운, 영락없는 술청의 형태다. 아무튼 하루 6명씩 딱 두 팀만 수용하는 게 어머니의 기본 원칙(더러 '4인 1조' 예약을 받는 경우도 있고, 10명이 한 팀을 이뤄 통째로 빌리기도 한다)이다.

나는 낮에 한 번, 저녁에 세 번 갔다. 지난 8월 중순경 상견례를 한 한낮의 국수 밥상은 열무김치가 독장치는 무대였다. 열무김치는 물국수에서도 비빔국수에서도 독보적인 존재감을 발휘했다. 심지어 유일무이한 반찬도 열무김치. 나는 검붉은 보리고추장이 들어간 비빔국수를 주로 먹었는데, 달지 않고 짜지 않아 입맛에 잘 맞았다. 대신 꽤나 매웠다. 물국수를 선택한, 열세 살에서 스물다섯 살가량 어린 후배들은 조금 싱겁다고 했다. 콩국수도 있다. 올케가 중간에서 다리를 놓아 강원도 원주(올케의 고향이 원주다)에서 직거래로 받는 서리태가 큰소리치는 국물이다. 검질기게 끈기 있는 콩물이 옥수수가 섞인 면발과 합심해 입안 가득 묵직함을 배달한다.

　홍탁목포집의 저녁은 주당들의 천국이다. 주당이 아니어도 물개 박수를 치겠지만 주당이라면 어머니가 그린 음식의 풍경 앞에서 황홀경에 빠질 것이다. 주연배우인 수육과 홍어가 등장하기 이전부터 식탁은 베테랑 조연들로 득시글거린다. 때에 따라 세부 항목은 달라지겠지만 김치와 장류가 끝내준다. 내가 '1차 원정대'를 꾸려 맛본 배추김치는 거추장스러운 양념을 덜어내고 새우젓 중심으로 매조지 해서 답답함이 없고 화통하고 산뜻했다. 얼갈이배추로 무친 겉절이도 텁텁함이 전혀 없고, 고추·오이·마늘·샐러리 등으로 담근 장아찌도 경쾌했다. 파김치는 파김치가 될 때까지 먹고 싶었다. 어머니는 전라도 음식 하면 으레 떠올리는 두텁고 진한 양념에 의존하지 않는다. 직접 담그고 양념한다는 된장과 마늘고추장과 새우젓도 모두모두 밥도둑이자 고기 도둑이다. 아아, 구뜰한 된장으로 버무린 시래기볶음은 또 어떻고.

　주요리로 젓가락을 옮기자. 두툼한 비계를 달고 두툼하게 썰린 돼지고기 수육은 탄탄하기 이를 데 없다. 나태하고 물렁한 부분이 없어 저작의 기쁨이 충만하다. 그 자체로 완결성을 띠지만 어머니의 김치, 어머니의 장, 어머니의 젓갈과 상봉하면 그야말로 천의무봉이다. 드디어 홍어회 납신다. 홍어에 대한 애정이 지극한 내 입에는 큰 자극 없는 온순한 맛이다.

"10일 정도 삭혔어요. 아직 반도 안 됐지. 23~24일까지도 가요. 오래 묵히면 향과 맛은 진해지는데 살이 물러지지."

입천장이 홀랑 까져도 좋으니, 아니 홀라당 까지고 싶어 죽겠으니, 독한 홍어회를 맛본 지가 너무 오래돼 미칠 지경이니 어머니의 짜릿한 홍어회를 언젠가 꼭 맛보고 싶다.

식당을 방문한 일원 중에는 전문적으로 서양과자를 굽는 김다은 씨도 있었다. 다감한 다은 씨가 에그타르트를 준비해왔는데, 우리는 어머니와 마침 식당에 있던 동네 아저씨 한 분께 조금씩 나눠 드렸다. 아저씨는 타르트가 너무 예뻐 손주 생각이 난다며 눈으로만 감상했다. 주저 없이 베어 문 어머니는 아주 맛있다며 좋아했다. 세상 풍파에 갇혀, 자식 기르는 일에 갇혀, 해도 해도 끝이 없는 식당 일에 갇혀 이제야 처음 접한 에그타르트는 어머니에게 과연 어떤 맛이었을까. 나는 어머니와 세 번째 만난 날에는 성북구 삼선동2가 삼태기도너츠에서 가져온 꽈배기와 도넛을 드렸다. 드시는 순간만큼은 달콤함으로 넘실대는 세상이기를 바라면서.

홍탁목포집에서의 두 번째 회동은 역시 라디오로 인연을 맺은 이현지·이동주 씨 부부의 초대를 받아 성사됐다. 부부에게는 두 아이(열 살 준희와 여덟 살 나인)가 있는데, 이 친구들 먹성이 아주 대단하다. 볼 때마다 먹는 양에 놀라고, 가리는 음식이 없어서 또 놀란다. 홍어도 먹는다. 꼬마 손님이라고 얕잡아 본 식당 사장님들 여럿이 이미 큰코다쳤다. 강건한 느낌의 삶은 돼지고기, 삭혔지만 싱싱한 홍어회, 녹진함의 대명사 홍어애 이외에 이날은 김밥도 먹는 행운을 누렸다. 어머니는 "재료가 남아서 싸봤어"라고 짧고 건조하게 말했지만 김밥의 여운은 짧지도 건조하지도 않았다. 나중에 안 사실이지만 어머니는 그 오랜 세월 식당에서 딱 세 번(내가 먹은 날 포함) 김밥을 말았다고 한다. 아, 정말이지 먹을 복 하나는 타고났다.

"내일(일요일) 쉬는 날인데 자식 셋과 손주들이 식당으로 온다네. 고기 볶아 먹으면 금방 돌아갈 거예요. 그럼 나는 바로 남산으로 가야지."

울림이 큰 식사 막바지, 어머니는 식혜를 내주셨다. 과하게 달지 않은 사뿐한 식혜. 스치는 생강 향에 코끝이 알알하다. 잔을 비우고 식당을 나선다. 막바지 겨울바람이 파고들어 콧속이 알알하다. 내일 어머니의 산책 길에는 훈풍 한 조각 불어오면 좋겠다.

MEMO

주소 / 서울시 중구 창구로 86-1
전화번호 / 010-7921-4799
영업시간 / 점심나절 국수를 삶고, 오후 5시부터는 고기를 삶아 한 시간 뒤인 6시부터 예약한 저녁 손님을 받는다. 밤 9시 무렵이면 영업 종료. 일요일 휴무.
메뉴 / 국수류 6000원, 수육+홍어 1인당 2만 5000원, 강원도 화천 막걸리 한 통(2ℓ) 1만 원

어머니의
단골 우대 정책

성원식품 어머니는 입버릇처럼 말한다.

"나는 어르신들이 우선이야. 왜? 그분들이 날 살게 해줬으
니까."

"단골들이 날 먹여 살렸지. 덕분에 자식들 공부시켰고."

빈말이 아니다. 약 사반세기 동안 두 곳에서 구멍가게를 책
임져온 어머니는 단골손님에 대한 고마움을 한시도 잊은 적이
없다. '단골 우대 정책'은 그 감사함의 발로다.

"우리 집 손님들 평균연령이 쉰(말이 그렇다는 거다. 전수조사를
한 게 아니다)이고, 90% 이상(어림잡아 그렇다는 거다)이 단골이야.
잘 들어오지도 않지만 가끔 뜨내기손님이나 젊은이들이 오면
먹을 거 없다고 돌려보내."

출입이 봉쇄된 사람은 기분 좋을 리 없겠지만 나는 어머니
의 이런 원칙을 '아름다운 배타 정책'으로 간주한다. 따져보자.
성원식품의 단골들 가운데 나이 지긋한 어르신들은 사실 선택
지가 많지 않다. 마음 편하게 갈 수 있는 식당과 술집이 지극히
제한적이라는 말이다. 아닌 말로다 을지로와 충무로의 노포들

도 소위 트렌드세터들에게 점령당한 지 오래다. 게다가 성원식품에는 자그마한 테이블이 겨우 다섯 개 있다. 어머니의 배려가 아니면 기민하지 못한 어르신들은 정말 엉덩이 붙일 데가 없다. 그들에게 성원식품은 실체적 위안이자 언제든 막걸리 한 잔 걸칠 수 있는 심리적 마지노선 같은 곳이다. 지갑 걱정은 크게 하지 않아도 된다. 3000원짜리 소주나 맥주나 막걸리에 과자나 땅콩만 붙여도 눈치 주는 사람이 없다. 성원식품 어머니는 안주 강요하는 법이 없다.

올해 환갑을 맞은 성원식품 어머니의 고향은 충남 공주다. 출생지 이외의 큰 의미는 없어 보인다. 어렸을 때 부모님을 따라 인천으로 이주했고, 서울에서 산 세월이 인생 절반쯤 해당하는 30여 년이다. 성원식품은 '이부제'로 운영된다. 오전 7시부터 오후 1시까지는 남편이 가게에 나와 있고, 아내는 오후 1시 이후부터 밤 11시까지(밤 10시 반 정도면 정리를 시작한다) 가게를 지킨다. 세 살 위 남편은 인테리어 업자였는데 몇 년 전 뇌경색으로 쓰러졌다. 휠체어에 의존하다 지금은 오후가 되면 남산으로 걷기 운동을 다닐 정도로 상태가 호전됐다. 일찌감치 가게 문을 열고 아내가 도착하기 전까지 담배도 팔고 컵라면도 판다. 그러니까 성원식품에서 조리된 음식을 먹으려면 아내의 출근 시간을 기다려야 한다.

성원식품은 가맥집의 범주에 든다고 할 수 있다. 구멍가게에서 술도 팔고 안줏거리도 파니까. 하지만 전주에서 시작해 서울까지 불어 닥친 가맥집 열풍에 편승해 급조된 가게가 아니다. 레트로 바람을 등에 업고 우후죽순처럼 생긴 곳들과는 확연히 결이 다르다. 뉴트로(뉴+레트로) 콘셉트를 동원, 요즘 세대의 눈에 신기하게 보이는 옛 모습을 인공적으로 조성한 것이 아니라 본래 있던 가게에서 음식을 팔 뿐이다.

성원식품에는 메뉴판이 없다. 가까운 인현시장에서 그날그날 장을 봐 형편에 맞게 음식을 낸다. 그러니 주문 전 "오늘은 뭐 있어요?"라고 물어보면 된다. 어머니가 "특별히 먹을 게 없는데"라고 해도 당황하지 말자. 매일 준비되는 것은 아니지만 자주 출현하는 안줏감들이 있다. 생선구이로는 가자미구이와 조기구이가 부지런하게 등판하고, 해산물 요리로는 오징어데침과 소라숙회가 꾸준하게 출석하며, 부침으로는 김치전과 동태전과 두부부침이 빈번하게 등장한다. 라면은 오후 5시까지만 끓여준다. 호박, 양파, 달걀 등 곁에 있는 재료를 정성껏 넣어준다.

어떤 음식을 받아들어도 만족스럽지만 정작 내가 가장 열광하는 대상은 무와 멸치다. 술을 청하면 우선적으로 받게 되는 기본 안주다. 제주산 무, 특히 제주가 잉태한 겨울 무는 시원함의 정점이고 아삭함의 끝판왕이다. 이거 하나로 몸 전체에 생기가 돈다. 무가 맛없는 계절에는 수분이 많은 오이로 대체한다. 마른 멸치는 맛과 더불어 의미도 주목해야 한다.

"멸치는 주고 싶은 사람한테 나가지."

그렇다. 어머니로부터 멸치를 받는다는 것은, 더 세밀하게 말해 어머니의 양념간장을 끼얹은 마른 멸치를 하사받는다는 것은 성원식품의 진정한 단골이 됐다는 징표다.

내가 만난 성원식품 최고의 단골은 70세와 78세 어르신이었다. 으레 저녁 7시쯤 등원해서 보통 과자를 안주 삼아 항상 막걸리를 드신다.

"지난해(2018년) 일 년 동안 주중만 따지면 딱 하루 빼고 개근하신 분들이야. 그 하루가 어떤 날인지 알아? 복날이었어. 누가 복날이라 삼계탕 사준다고 해서 따라가셨대."

그래서 두 분이 마지막 잔을 비우고 귀가를 서두를 때 어머니가 드리는 말씀은 "안녕히 가세요"가 아니라 "내일 봬요"다.

이런 곳에서는 생면부지의, 난생처음 본 사람과도 주고받기가 가능하다. 서울 예지동, 전남 보성과 나주, 경기 고양 등으로 제가끔 고향이 다른 중년 남자 넷이 오랜만에 만나 회포를

푸는 중이었는데 그 모습이 더없이 정겨워 보였다. 연락이 끊긴 내 오래전 벗들은 어떻게 지내나 새삼스레 그리움이 솟아나 가슴이 뒤척이기도 했다. 일부러 땅콩을 더 주문해 두 봉지를 '우정 테이블'에 건넸다. 그들은 멍게 두 점과 달걀프라이 두 장으로 응답했다.

나는 성원식품에 혼자 가기도 했다. 유난히 마음이 허한 날, 밤 10시쯤이었다. 밤 11시에는 어머니가 가게 문을 닫고 퇴근해야 하니 실제 머물 수 있는 시간은 30분 정도였다. 나는 소주한 병과 김치전을 주문했다. 풀이 선 와이셔츠 칼라처럼 빳빳한 부침개가 아닌, 겉은 살짝 탔지만 유순한 부침개여서 좋았다. 갓 부쳐 뜨끈뜨끈한 동태전도 좋았다. 혼자 간 거 맞다. 마음이 허한 게 아니라 배가 고팠었나?

"아니 뭐하느라 여태 밥을 못 먹었대?"

"너무 맛있어요."

"배가 고프니까 맛있는 거야."

우리는 긴말 나누지 않았다. 나는 20분 만에 소주 한 병과 부침개 두 접시를 격파하고 도시의 어둠 속으로 다시 흘러들었다.

성원식품 어머니는 시원시원하다. 말할 때도 요리할 때도 거침이 없다. 듣는 것만으로도 울울한 심사가 풀릴 지경이다. 성원식품 어머니는 또 단단하다. 신념이 확고하고, 소신이 뚜렷하다.

"나는 여기서 술을 마시지 않아. 여긴 내 삶의 현장이야."

"싼 걸 먹는다고 저렴한 사람이 아니야. 사람마다 가치가 있어."

나는 성원식품의 단골이 되어 기쁘다.

MEMO

주소 / 서울시 중구 을지로20길 24-11
전화번호 / 02-2272-9373
영업시간 / 가게 문은 오전 7시부터 열리지만 어머니가 해주는 음식은 오후 1시 이후부터 먹을 수 있다.
메뉴 / 꼬막 1만 3000원, 멍게 두 봉지 1만 2000원, 김치전 5000원, 동태전 5000원, 봉지라면 3000원, 컵라면 1000원, 쥐포 2000원, 땅콩 2000원, 소주 3000원, 맥주 3000원, 막걸리 3000원

식사류
수 제 비
김 치 찌 개
된 장 찌 개
국 라 수 면

진이식당
582-7663

신속배달

05

효부의 농주

2019년 8월 14일 수요일 낮 12시 50분경, 함안군 가야읍 가야시장 안에 위치한 진이식당 앞에 섰다. 주인 어머니가 직접 담근 농주 한잔 마실 생각에 마음이 부풀었다. 그런데 웬걸, 식당 문이 잠겨 있는 게 아닌가. 낙담과 우두망찰. 가까스로 정신을 수습하니 허기가 밀려왔다. 약 1.4km 떨어진 황포냉면으로 이동, 혼자서 냉면을 두 그릇(섞어냉면과 물냉면)이나 해치웠다. 오후 한나절은 함안면의 카페 해담에서 보냈다. 커피를 마시면서도 머릿속은 온통 진이식당의 사정을 헤아리고 있었다. 조바심이 커져갈 즈음, 다행히 전화가 연결됐고 오후 5시에 문을 연다는 대답을 들었다. 진득하지 못한 나는 일찌감치 카페를 떴고, 오후 4시 5분쯤 식당 주변을 서성거렸다. 안에 불이 켜져 있길래 살포시 문을 열고 침착하게 운을 뗐다.

"아까 전화 건 사람인데요, 혹시 막걸리 한잔할 수 있을까요? 음식은 뭐 찌개나 아무거나…."

준비가 안 된 듯 머뭇거리는 모습.

한층 커진 내 불안감.

"그럼, 커피 한 잔 마시고 5시에 올까요?"

"아이고, 무슨 밥 한 끼 먹으려고 커피 마시면서 기다려요.
들어오세요."

식당 내부에는 결과적으로 세 명의 객客이 더 모여들었다.
검은 선글라스와 검은 망사 장갑을 낀 아주머니 한 명과 동네
주민으로 보이는 두 명의 아저씨. 아저씨들은 내가 자리를 잡
고 주문을 하고 난 이후 어머니가 직접 따온 고구마 줄기를 벗
기라는 명을 받았다.

"말 안 들으면 사장님이 쪼까냅니다(쫓아냅니다). 맛있는 거
얻어묵으려면(얻어먹으려면) 고분고분 말 잘 들어야죠."

고구마 줄기를 다듬는 두 아재를 중심으로 입씨름이 발발
했다. 1라운드 아이템은 콩잎장아찌. 정읍이 고향인 전라도 형
이 "맛없다"로 도발하자 함안이 고향인 경상도 동생이 폭발했
다. 옥신각신을 보다 못한 내가 "콩잎장아찌 맛있어요"라고 거
들자 경상도 아재의 어깨가 한껏 치솟았다. "거봐, 서울에서
온 사람도 맛있다 카는데(하는데)." 2라운드 주제는 말투. 경상
도 동생이 "대구 말투와 사투리가 더 억세다"고 선언하자 전라
도 형이 "아니다, 전북보다 전남 말투가 더 억세듯이 대구 말투
가 경남 지방에 비해 억세지 않다"고 맞받았다. 합의 사항은 서
울 남자들 말투가 간지럽다는 것. 괜스레 내 귓불이 붉어졌다.

3라운드 소재는 TV 프로그램인 <백종원의 3대 천왕>에 나왔던 함안면의 한 식당. 두 사내가 이구동성으로 "그 식당 국밥 맛없다"를 외치자 어머니가 단칼에 진압했다.

"에이, 사람마다 입 틀려요(입맛이 달라요)."

햇수로 22년째 진이식당을 운용 중인 주인 어머니는 1960년생으로 함안과 이웃한 창녕이 고향이다. 스무 살 무렵 부산에 있는 같은 직장에서 남편을 만나 연애를 하고 부부의 연을 맺었다. 타향살이를 정리하고 남편 고향인 함안으로 귀향, 20여 년간 논일과 밭일과 소 키우는 일에 매진했다.

"소젖 짜는 일이 중단된 이후 수입이 줄었어요. 시골에서 돈 벌 수 있는 일이 별로 없어서 식당을 열게 됐죠."

지금도 식당 일과 논일, 밭일을 병행한다. 반찬 대부분을 텃밭에서 키운 작물들을 이용해 만든다. "원래 음식 솜씨는 없어요. 세월이 만들어준 거죠"라고 겸양을 보였지만 간이 세지 않고 기름도 과하게 사용하지 않은 찬들이 하나같이 깔끔해서 입에 아주 잘 붙었다. 인상적인 요리는 난생처음 접한 고구마잎 볶음. 고구마 줄기 손질하는 두 아저씨를 바라보며 어머니께 혹시나 해서 "고구마 잎은 안 먹죠?"라고 물었는데 "연한 고구마 잎은 액젓과 초피 넣고 무쳐 먹기도 해요"라는 설명을 들은 터였다.

　겨우 막걸리 반 되를 시켰을 뿐인데 고구마잎볶음과 고구
마줄기볶음 이외에도 호박볶음, 가지무침, 부추무침, 깻잎장아
찌, 오이무침, 배추김치 등이 줄줄이 상에 올랐다. 완연한 여름
밥상이자 온전한 여름의 맛이었다. 막걸리만 간단하게 마시고
일어설 계획이었는데 공깃밥을 청하지 않을 도리가 없었다. 어
머니가 손수 빚은 막걸리는 청포도 100알을 입에 넣고 우적우
적 씹는 느낌이 들 만큼 새콤새콤했다. "도수가 높지는 않아요.
일반 막걸리와 비슷해요. 봄과 가을에 가장 맛있고 아무래도
여름에는 좀 시큼해요."

　진이식당의 어머니는 시할머니와의 사이가 각별했다. 안타
깝게도 남편이 아주 어렸을 때 시어머니가, 결혼 무렵 시아버
지가 돌아가셨다. 남편은 시할머니 손에서 자랐다. 나라로부터
'장수 지팡이'인 청려장을 두 개나 받을 만큼 시할머니는 천수
(108세)를 누렸다. 세상을 등질 때까지 치매 없이 정정하셨다고
한다. 그런 시할머니를 극진히 모신 손부孫婦에게 효부상이 내
려진 것은 당연했다. 막걸리도 시할머니와 오촌 당숙을 비롯한
시가 어르신들께 배웠다.

　과분한 8첩 반상에 어찌할 바를 모르고 있는데 더 민망한

일이 벌어졌다. 어머니가 난데없이 민어찜을 내온 것이다. 어안이 벙벙했는데 서울에서 왔다고, 원래 너무 더워서 오늘은 장사 접으려고 했는데 이왕 들어오라 했고, 그 덕에 아저씨들 시켜 고구마 줄기 벗기게 했으니 민어찜을 내준다는 것이었다. 처음에는 꼬리 쪽, 나중에는 머리 부분까지 가져다주셨다. 게걸스레 비우고 일어서서 계산을 부탁하니 세상에, 이 모든 걸 단돈 6000원만 받겠다는 것이다. 막걸리 반 되(5000원)와 공깃밥(1000원) 값만 내라는 이야기다. 겨우겨우 만 원짜리 지폐 한 장 쥐여드리고 도망치듯 식당을 나왔다.

이튿날 오전 10시 12분경 진이식당을 다시 찾았다. 이번에는 된장찌개를 요청했다. 반찬은 어제와 비교해보니 깻잎장아찌와 오이무침이 퇴장하고 달걀프라이와 열무김치가 새롭게 등장했다. 열무김치는 앙칼지지 않고 순한 맛이었다. 자작하고 진한 된장찌개, 여기에 양푼에 담아 내준 고봉밥. 이건 비벼 먹으라는 명확한 시그널이었다. 그릇을 부시듯 반찬을 다 넣고 비비자 어머니가 어느새 다가와 "참기름 여줄까요(넣어줄까요)?"라고 묻는다. 다시 한번 마주한 진짜배기 여름 밥상, 진짜배기 여름의 맛.

거룩한 식사를 마치자 "커피 한 잔 줄까요?"라고 물어보신다. 시외버스 시간이 임박해 아쉽게도 사양할 수밖에 없었다.

"다음에 함안 내려오면 또 들러요"라는 어머니의 다정한 말이
지금도 내 뒤통수를 강력하게 잡아당기고 있다.

MEMO

주소 / 경상남도 함안군 가야읍 장터길 23
전화번호 / 055-582-7663
영업시간 / 여름에도 점심 장사를 하지만 논일과 밭일이 바빠 때때로 문을 늦게 열기도 한다. 장날(5 · 10일)에는 아침부터 장사 시작. 장날과 겹치지 않는 일요일은 휴무. 주로 손주들과 놀아준다.
메뉴 / 자반고등어구이 1만 원, 국수 4000원, 김치찌개 6000원, 된장찌개 6000원, 명태탕 1만 원, 명태전 1만 원, 파전 1만 원, 부추전 6000원, 달걀말이 6000원, 공깃밥 1000원, 막걸리 · 농주 한 되 1만 원. 반 되 5000원. 음료수 2000원

06

대낮의
막걸리 시퀀스

전라남도 장성군 장성읍 영천리
순대국밥

SCENE 1

대낮부터 김치와 나물을 안주 삼아 주거니 받거니 막걸리를 연거푸 들이켜는 女와 男, 둘을 지켜보는 主(식당 주인).

女 "술을 마시지 않으면 심심해. 원래 술 마시면 밥을 안 먹는데, 어제 저녁은 밥도 먹었어."

主 "소주보다 막걸리가 든든하지만 밥은 먹어야지."

男 "몸을 좀 움직여가며 먹어야 해."

女 "막걸리 한 병 더 마셔야지."

男 "아, 싫어. 취하면 집 못 찾아. 나 취하면 거기가 손잡고 데려다줄 텐가?"

女 "아이고, 그런 거 제일 싫어."

男 "나이 먹고 술 취해서 집을 못 찾아가면 창피해."

女 "날도 따뜻한데 밖에서 한숨 자고 가셔."

ㅋㅋㅋ

SCENE 2

내가 국수를 주문하자 女도 한 그릇 먹겠다며 함께 주문을 넣는다. 主는 국수를 넉넉히 삶는다.

　女　"오메, 뭔 참기름을 그렇게 많이 둘러요?"
　主　"참기름 좀 둘러야지."
　女　"난 느끼해서 싫어."
　主　"그럼, 다시 해줄까?"
　女　"아녀, 그냥 주쇼."
막상 맛있다며 너무나 잘 먹는 女.
ㅋㅋㅋ

　나는 女와 男의 막걸리와 국숫값을 대신 계산했다. 그냥 그
러고 싶었다. 아니, 꼭 그러고 싶었다. 나에게는 세 분의 대화가
어떠한 랩의 '플로flow'보다 더 속도감이 있고, 어떠한 할리우드
블록버스터보다 더 흥미진진하며, 어떠한 스탠딩 개그보다 더
익살맞았다. 불경한 표현이지만 정말 귀여웠다.

　이쯤에서 등장인물 소개.
　女는 전남 장성군 삼서면이 고향인 70대 초반의 동네 아주
머니. 자식 여섯(5녀 1남)을 죄다 결혼시키고 살림에서도 손을
뗀 상태. 일상이 무료함으로 출렁거린다. 男은 전북 고창군 출
신인 70대 후반의 동네 아저씨. 귀가 어두워 목소리가 큰 편이

다. 女와의 대화 도중 결국 보청기를 꼈다. 아저씨가 아주머니보다 대여섯 살 많지만 이구동성으로 외친다.

"친구지, 뭐."

비가 오나 눈이 오나 바람이 부나 30년 넘게 매일매일 식당 출근부에 도장을 찍은(식당 뒤편이 바로 살림집이라 출근길이 '10초 컷'이기는 하다. 그래도 위대한 역사가 아닐 수 없다) 주인 어머니는 올해 우리나라 나이로 79세다. 태어나고 자란 곳은 역시 장성군 삼서면. 식당의 연혁을 압축해 들려준다.

"지금 식당 공간은 예전에 방이었어. 건물 일부가 길에 편입되느라 식당이 절반 이하로 줄었지. 몇 시에 나오냐고? 아침 7시. 예전에는 더 빨랐지. 새벽 3시 반이면 밥을 다 해놓았어. 20kg짜리 쌀 한 포대로 밥을 지어도 오전이면 동날 정도로 손님이 많았지."

쌀 20kg이면 공깃밥 몇 개가 나오지? 약간 과장된 것 같은데? 사람들아, 제발 계산하지 말자, 의심하지 말자. 어머니가 그렇다면 그런 거다.

식당은 '쿨내'가 진동한다. 간판이 없다. 식당 유리문에 '순대국밥' 네 글자만 무덤덤하게 쓰여 있다. 실내에는 조리대를 겸한 ㄴ자형 테이블이 굳건하고, 서너 명 수용 가능한 등받이 없는 나무 의자 한 개가 부속품처럼 접혀 있다. 한편에는 둥근 상 하나 펴고 서너 명 둘러앉으면 꽉 찰 것 같은 조그마한 공간도 있다.

나는 어머니가 식당에서 내는 모든 음식을 섭렵했다. 국수와 순대국밥. 과거에는 백반도 있었단다. 어머니의 국수 준비는 거침이 없었다. 물을 올리고, 마늘을 칼 손잡이로 으깨고, 양파와 파를 썰었다. 오동통한 면과 달걀 푼 멸치 육수의 성스러운 만남, 그리고 고춧가루와 참기름 토핑. 완성되자마자 '국수귀신'에게 멱살을 잡혀 삽시간에 바닥을 드러낸 그릇. 나는 여운을 만끽하며 막걸리 한 병을 초대했다. 女와 男의 '막걸리 시퀀스'를 목격하면서부터 이미 침샘이 요동쳤던 터다.

축령산생막걸리는 단맛이 적고 생동감이 느껴져 좋았다. 청량해서 장성의 자랑인 축령산 편백나무숲을 거니는 듯한 기분이 들었다. 안주는 국수 곁을 호위하던 잘 익은 배추김치와 파래를 품은 무생채. 예의 그 동네 아주머니가 '숯불구이' 가래떡도 더해주었다. 비록 조금 타고 조금 딱딱했지만 대수롭지 않았다. 국수와 막걸리를 지나 순대국밥으로 환승. 어머니의 국수가 보편성을 띤다면 어머니의 순댓국은 호불호가 갈릴 만했다. 순대와 허파와 막창 등이 가득 들었는데 돼지 특유의 냄새가 진하게 풍겨 예민한 사람은 탐탁하지 않을 수도 있다. 그걸 빛나는 개성으로 받아들이는 나는 물론 탐탁했지만. 김치와 무생채를 리필한 상차림에 '결정적 한 방'도 추가됐다. 다름 아닌 기백이 살아 있는, 어머니의 문화재급 동치미 무. 요즘도 속이 거북할 때면 생각나곤 한다.

"어머니, 설마 직접 만든 순대 아니죠?"

순대 만들 줄은 몰라도 순대 만드는 일이 번거롭고 수고롭다는 것은 잘 알기에 답은 정해져 있다고 생각했다.

"직접 만들지."

선지, 콩나물, 시금치, 당근 등이 빼곡하게 박힌 이 장쾌한 순대를 고령에도 불구하고 손수 만들다니. 그저 대단하다는 말밖에. 내 찬탄과 대비되는, 별일 아니라고 말하는 듯한 어머니의 시크한 표정.

어머니는 제비표국수를 쓴다. 백양국수와 마찬가지로 바람과 태양에 몸을 맡긴다. 국수 공장은 식당에서 도보로 4분 거리. 축령산생막걸리를 공급하는 황룡주조장은 더 가깝다. 도보로 2분 거리. 게다가 순대는 식당에서 직접 만든다. 의미는 좀 다르지만 푸드 마일리지(식품이 생산지에서 소비자의 식탁에 오르기까지 이동하는 거리. 짧을수록 신선한 농수축산물을 먹을 수 있고 온실가

스 배출량을 줄일 수 있어 좋다)의 모범 사례이자 로컬 푸드의 향연
이라고 할 수 있다.

　내가 국수에서 순대국밥으로 건너가기 전 막걸리와 정담을
쌓고 있을 때 어머니보다 일곱 살 위인 아버지가 식당에 들어
왔다. 벼와 고추 등의 농사를 짓고, 산에서 칡을 캐는 등 노동의
현장을 여전히 붙들고 있는 남편을 위해 후딱 차려진 점심 식
사. 오늘 식단은 잡곡밥과 생선알찌개, 무생채와 물김치다. 홀
가분한 밥상을 날렵하게 접수한 아버지는 식사를 마치자마자
별말도 없이 또 일하러 출타했다.

　"아니, 식사만 하고 너무 금방 가시는 거 아녜요?"
　"아, 먹었으니 또 일해야지."
　어머니가 남편의 건강 비결을 대신 일러준다.

　"세 끼 밥이지. 군것질도 안 해, 술도 안 마셔, 담배도 안 피워."
　아, 우리 아버지 '삼식이'구나. 열심히 일하는 건강한 삼식이.

MEMO

주소 / 전라남도 장성군 장성읍 삼월길 6
영업시간 / 어머니의 식당 출근 시간은 아침 7시. 저녁 8시경 영업 종료.
메뉴 / 국수 5000원, 순대국밥 7000원

국민주택140호미트 경상남도 진주시 신안동 **여래봄 고맙습니다** 충청남도 공주시 중동 **유성당방** 경상북도 울진군 울진읍 **사랑채** 서울시 도봉구 방학동
정희식당 부산시 기장군 일광면 이천리 **꽃사슴돌식** + 오거리콩나물해장국 + **백년카페방** 전라북도 진주시 원신구

한겨울 후끈했던 한나절

어머니의 다방 커피는 '하이브리드 커피'다. 특이하게 테이스터스 초이스와 맥심을 섞는다. 뜨거운 물에 오롯이 녹은 초이스와 맥심의 캐릭터를 분별해낼 재주가 내겐 없지만 어머니가 이렇게 타야 더 맛있다고 하니 커피 한 모금 한 모금이 어딘가 더 풍성하게 느껴졌다. 나는 커피에서 멈추지 않았다.

01

코딱지만 한 가게의
한강 라면과 맥심 커피

경상남도 진주시 신안동
국민주택140호마트

"안성탕면 괜찮아요?"

"네, 그럼요."

"달걀 넣어도 괜찮아요?"

"그럼요, 그럼요."

어머니의 세심한 질문과 다르게 눈앞에 놓인 '라면 한 상'의 모양새가 호방하다. 스테인리스 냉면 대접에 면발이 잠겨 있는데, 정수리만 살짝 보일 만큼 국물이 한강이다. 그 위에 팍팍 뿌려져 인상을 팍팍 쓰고 있는 고춧가루. 그리고 신스틸러 배추김치와 무생채. 물을 많이 잡아 싱거웠지만 사나운 식탐은 쉬이 잠들지 않는 법. 밥까지 말아 국물 한 방울까지 말끔하게 소탕했다. 라면을 혼내주고 과자 한 봉지를 뜯었다. 그리고 누군가를 따라 진주생막걸리 한 병을 곁들였다. 누군가가 누구냐고? 신분 노출을 위해 시곗바늘을 잠시 라면 먹기 전으로 돌려보자.

2019년 10월 7일 월요일 오전 10시 50분경, 코딱지만 한 구멍가게 내부의 소담한 테이블에 동네 주민 두 분이 마주 보고 앉아 있었다. 진주와 이웃한 산청이 고향인, 고향보다 진주에서 보낸 세월이 더 긴 67세(당시 기준) 아저씨는 낮전부터 막걸리를 홀짝였다. 안주라고 해봤자 과자 부스러기가 전부. 사흘에 한 번씩 첫돌도 안 지난 손주랑 영상통화하는 걸 크나큰 낙으로 삼는 아저씨는 막걸리를 어느 정도 마시자 노래 서너 곡을 연달아 뽑았다. 가창에 막힘이 없었고, 주저함이 없었다. 솜씨가 일품이었다. 아저씨는 마침 인접 도시에서 열리고 있는 산청한방약초축제의 노래자랑에 나가고 싶어 했는데, 술을 마셔 운전을 할 수 없게 되자 산청행 계획을 취소했다. 그에게는 바다낚시라는 또 다른 취미가 있다. 낚시에 영 재미를 못 붙인 사람 입장에서는 이해하기 어렵지만 입질의 희열과 월척의 쾌감이 전부는 아닌가 보다.

"어디 꼭 고기 잡으러 가나. 시간 보내러 가는 거지."

아저씨의 목젖을 타고 흘러들어간 술이 바로 진주생막걸리였다. 어찌나 맛나게 잡숫던지 따라 주문하지 않을 수 없었다. 단맛이 강하지 않아 내 입에도 비교적 잘 맞았다.

"여든일곱요?"

맞은편 어르신의 나이를 듣고는 깜짝 놀랐다. 증손주까지 보셨다는데 연세보다 훨씬 젊어 뵈었다. 햇수로 11년째 진주 신안동에서 살고 있는 어르신에게는 하루도 거르지 않는 확고부

동한 루틴이 있다. 매일 새벽 4시면 어김없이 일어나 청소하고 씻고 화장하고 다시 잠자리에 들어 오전 9시쯤 기상하신단다.

"아니 왜 그렇게 일찍 일어나세요?"

"내가 성격이 깔끔해서 지저분한 꼴을 못 봐요. 빨리 일어나서 치워야지. 그리고 여자는 가꿔야 해요."

본인의 말을 스스로 증명이라도 하듯 어르신의 차림새가 단정하고 깔끔했다. 신발 앞코가 반짝반짝 윤이 났다. 곱게 단장을 하고 딱히 갈 데가 있는 건 아니다.

"여기(국민주택140호마트) 아니면 갈 데도 없어요."

아무렇지 않게 말씀하셨지만 정작 듣는 내가 좁아진 반경에 마음이 쓰였다. 그래도 어르신은 본인의 삶을 감사하게 여긴다.

"혼자 사는 거 빼고는 오복을 누리고 있다고 생각해요. 아픈 곳도 없고."

국민주택140호마트는 팔순 언저리 노부부(78세 아내와 79세 남편)의 구멍가게다. 두 분 모두 진주 태생. 40년을 넘긴 가게 상호가 독특한데, 원래 살던 동네에 박물관이 들어서는 바람에 나라에서 신안동 일대에 국민주택 140채를 마련한 데서 유래한다. 가장 끝에 위치한 마지막 순번의 집에 살게 됐던 것. 무상 제공은 아니고 꽤 오랫동안 대출금을 납부했다. 가게 뒤편이 바로 살림집 마당과 연결된다.

　두 명이 둘러앉기에도 버거운 원탁 한 개와 한 명이 앉으면 꽉 차는 또 다른 원탁 한 개가 놓여 있는 가게 내부는 빛바랜 흑백사진 같다. 직접 만들었는지 어디서 주워왔는지 알 수 없는 나무등치 의자가 버젓이 자리를 차지하고 있고, 출입문 선반에는 일회용 라이터가 노끈과 청 테이프의 도움을 받아 대롱대롱 매달려 있다. 연식이 상당해 보이는 라디오 겸용 카세트에는 '즐겁게 놀다 가십시오 고맙고 감사합니다'라는 정중한 문구가 적혀 있다. 지금은 생산이 중단된 것 같은 싸구려 위스키들이 뽀얗게 먼지를 뒤집어쓴 채 조속조속 졸고 있다.

　워낙 비좁아 많은 물건을 들여놓을 수도 없다. 콘칩·새우깡·꼬칼콘·꿀꽈배기·오징어땅콩의 봉지 과자와 고소미·빠다코코낫·에이스 등의 크래커류가 철제 선반을 허술하게 채우고 있다. 과자 위쪽으로는 꽁치·고등어·황도 등의 통조림 캔이 나란하다. 콜라·사이다·소주·캔맥주·캔커피·박카스 등도 한쪽 선반에서 상온에 노출돼 있다(물론 냉장고에 들어 있는 술과 음료수도 있다). 아이스크림 냉동고에는 아이스크림이 없는 눈치다. 여기에 라면, 세제, 소화제 정도를 합치면 국민주택140호마트의 라인업이 얼추 완성된다.

내가 라면을 먹은 테이블에는 청 테이프가 덕지덕지 붙은 커피포트가 덤덤한 얼굴로 서 있었다.

"어머니, 커피도 타주세요?"

"그럼, 타주지."

가격은 1000원이다. 냉큼 한 잔을 부탁했다.

역시 세심한 질문이 뒤따른다.

"믹스요, 맥심요?"

"맥심요."

"설탕 넣을까요?

"아뇨, 빼주세요."

빨간 하트가 그려진 머그잔에 만들어준 할매표 아메리카노는 역시 물이 많은 편이었지만 그래서 구수했다. 라면, 밥, 국물, 과자, 막걸리, 커피까지 탈탈 털어 넣었으니 이제 일어날 시간. 그런데, 예기치 못한 상황이 발생했다. 오전부터 막걸리를 홀짝홀짝 들이켠, 흥에 겨워 구성진 노랫소리를 들려준 아저씨께서 내가 먹은 밥값과 술값과 커피값을 대신 계산하는 게 아닌가. 아무리 말려도 요지부동이다.

"멀리서 진주까지 왔는데 내가 대접해야지."

여든일곱 어르신의 인정도 따스했다. 같은 달 24일, 볼일 때문에 다시 내려온다고 말씀드렸더니 그때는 쓸데없이 여관 비로 돈 쓰지 말고 방 하나 내줄 테니 자고 가라신다.

"아들 하나 생긴 것 같아 좋네."

나는 두 분께 담배 한 갑씩을 사드리고 가게를 나섰다. 마음이 연시감처럼 말랑해졌다.

보름 정도 지나 다시 뵙겠다는 약속은 갑자기 몸이 아파 지킬 수 없었다. 첫 방문으로부터 80여 일이 지난 12월 29일에서야 국민주택140호마트를 다시 찾았다. 낮 12시 30분쯤이었는데, 어머니는 가게에 붙은 '쪽방'에서 <전국노래자랑>을 시청 중이었고 아버지는 공중목욕탕에 가느라 집을 비운 상태였다.

"어머니, 저 하나도 안 바빠요. 천천히 다 보시고 라면 하나만 끓여주세요."

어머니는 난감한 표정을 지었다.

"아이고, 이게 연말 결선이라 평소보다 길게 해요."

"진짜 괜찮아요. 편하게 보세요."

"에이, 그래도 손님한테 어디 그럴 수 있나."

뜻을 굽히지 않고 가게에 딸린 주방으로 자리를 옮겨 라면을 끓이신다. 나는 신라면, 함께 간 라디오 애청자 이지영 씨는 안성탕면. 나부끼는 김을 뚫고 면발을 끌어올렸고, 안경알에

삶은 게란
팝니다

전구여 /아저씨>
상대방을 꼭 이기려고하지마소<참먹소>
직당히해서 저 주구려 한길을 흙하서서
양보하는것이 영수로 좋은 지혜롭게사는
비법이라오!
늘, 남에게 좋은 일만 있을것입니다.
<나길려고 남해서서 사나네야 최른이다.
#석달효인 (786-31)동민주택 160호

낀 김을 개의치 않고 국물을 호로록했다. 지난번보다 물의 양이 줄어 국물의 집중력이 한껏 고조됐다. 구멍가게 바로 앞 아파트에 거주하는, 예의 그 예순일곱 아저씨는 이를 뽑아 당분간 술을 못 마신다고 어머니가 근황을 전했다. 그 좋아하는(주당은 주당을 대번에 알아본다) 술을 피해야 한다니. 나도 모르게 실웃음을 지었다. 아버지가 목욕탕에서 돌아왔고, 이런저런 질문을 통해 노부부와 가게의 생애에 한 발 더 다가섰으며, 라면 두 그릇과 오징어땅콩 한 봉지와 막걸리 한 병을 합쳐 1만 1000원을 지불했다.

예정된 서울행 열차 시간이 다가오는데, 문밖에 눈이 내린다. 좀체 보기 힘든 진주의 귀한 눈, 싸라기눈, 아마도 그해 첫눈.

MEMO

주소 / 경상남도 진주시 석갑로 91
메뉴 / 라면 4000원, 커피 1000원

예정된 서울행 열차 시간이 다가오는데,
문밖에 눈이 내린다.
좀체 보기 힘든 진주의 귀한 눈,
싸라기눈,
아마도 그해 첫눈.

152

세 그릇

아들을 위한
구운 돈가스

충청남도 공주시 중동
여러분 고맙습니다

"아이고, 오늘 내가 별소릴 다하네."

어머니가 팔을 휘적이며 활짝 웃자 윗니 한 개가 빠진 앞니가 드러났다. 식당에서 넘어져 크게 다친 적이 있다고 했는데, 아마 그때 유실된 것이 아닌가 싶다. 경망한 표현이지만 앞니 빠진 76세(지난해 11월 뵀을 때 나이) 어머니는 유치 빠진 여섯 살 어린아이 같았다. 해맑은 웃음도 아이의 그것과 빼닮았다. 하지만 곡절 없는 인생이 어디 있을까. 어머니의 말간 얼굴 이면에도 비상한 사연이 똬리를 틀고 있다. '간추린 역사'를 듣는 것만으로도 숨이 가빠졌다.

어머니는 빼앗긴 주권을 도로 찾은 해인 1945년, 지금은 세종시로 편입된 충청남도 공주시 장기면에서 태어났다. 곤궁함이 강물처럼 흘러넘치던 시절, 배움의 끈이 길었던 사람이 얼마나 될까.

"국민학교 2학년까지만 다녔지. 그래도 머리는 좋았어요. 천자문을 금방 뗐다니까."

고향을 떠나 서울에서 4년간 살았던 적이 있다. 당시 양장점에서 근무했는데, 먼지를 너무 많이 마셔 건강이 나빠졌다.

귀향, 그리고 같은 해 세 살 연상의 남편과 결혼. 그때 어머니의
나이 스물둘이었고, 37세에 외동아들을 낳았다.

결혼은, 불운하게도 고행길의 시작점이었다.

"어휴 말도 마, 남편 노름빚 때문에 온갖 고생을 다했어요.
애는 어린데 빚쟁이들이 집으로 막 찾아오고…. 지난해(2018년)
집 나간 지 33년 만에 식당으로 찾아왔다 다시 사라졌어요."

기가 찰 노릇이다.

어머니는 노점에서 살길을 찾았다. 24년간 거리에서 붕어
빵과 핫도그를 열심히 팔았다. 애면글면 모은 돈을 기반으로
현재 건물에서 장사한 기간은 16년 6개월(2019년 11월 기준) 정
도. 처음 10여 년간은 분식집으로 운영했다. 주요 메뉴는 떡볶
이, 핫도그, 돈가스 등. 이후 돈가스 전문 식당으로 거듭났다.
한때 피자돈가스도 메뉴판의 한 자리를 차지했지만 지금은 등
심과 안심의 양대 돈가스만 취급한다.

어머니의 돈가스는 여러모로 결이 다르다. 무엇보다 튀기
지 않고 오븐에 굽는다. 그래서 가게 안팎의 메뉴명에 '수제' '안
심' '등심' '돈가스' 등의 단어와 동등한 크기로 '구이'라는 두 글
자가 박혀 있다. 기름기 싫어하는 아들을 위해 튀긴 돈가스에서
구운 돈가스로 진로를 바꿨던 것이다.

"내 아들 좋은 것 먹이는데 남의 집 아이들한테도 좋은 것

먹여야지. 근데, 모르는 손님들 중에는 돈가스가 너무 검다고 불평하는 사람도 있어요."

또 하나 대별되는 지점은 대추다. 돈가스소스는 물론이고 김치 담글 때도 설탕이나 조미료 대신 대추를 갈아 넣는다. 간 대추는 자연스러운 단맛의 진원지로, 이는 친정엄마의 비법이다. 돼지고기 선택에도 깐깐하기 짝이 없다. 냉동하지 않은 중간 정도 크기의 암퇘지만 고집한다. 9년째(역시 지난해 기준) 거래하는 정육점은 어머니한테 전화가 걸려오면 비상이 걸린다. 어머니가 원하는 물건이 없을까 봐 혹은 '매의 눈'에 흠이라도 잡혔을까 봐.

내 눈에는 반찬도 걸출해 보인다. 3~5일에 한 번씩 김치를 담그는데, 배추김치도 훌륭하지만 어머니가 무말랭이로 부르는 무김치가 압권이다. 무를 썰어 그늘에서 하루 동안 말린 다음 양념에 버무려 일주일간 숙성시킨다. 와, 그 오도독한 식감이라니! 세상에 둘도 없는, 크기도 맛도 예술적인 무말랭이다.

여기서 끝이 아니다. 달걀 푼 황탯국도 딸려 나온다. 양은 많고 맛은 진하다. 버섯과 홍합, 투실한 만두도 들어 있다. 아마 등심돈가스에 안심돈가스까지 주문하면 내어 주는 듯하다. 그때그때 솥에 지어주는 밥도 꿀맛이다. 밥알이 폭발할 듯 탱글

탱글하다. 누룽지 긁는 재미는 덤이다. 사람마다 음식 값에 대한 체감지수가 다르겠지만 뜯어볼수록 비싸다는 말은 나오기 어렵다. 14년 동안 등심돈가스 8000원, 안심돈가스 1만 원을 유지하다 이문이 너무 박해 2000원씩 인상했다.

돈가스를 빼고 솥밥과 황탯국과 김치만 붙여놓으면 영락없는 해장국집 상차림이다. 식당 유리창에도, 식당 내부 벽면의 대문짝만 한 메뉴판에도 황태해장국으로 쓰여 있다. 대체 돈가스집에 웬 황탯국이람?

"아침 7시부터 해장국(황탯국을 의미) 먹고 출근하는 사람들이 많아요. 나는 준비하느라 새벽 5시면 식당에 나오지."

세상은 부지런하고, 어머니는 더 부지런하다. 그나마 다행은 식당 뒤편이 집이라는 사실.

하마터면 이날 어머니의 돈가스도, 어머니의 인생 역정도 만나지 못할 뻔했다. 애당초 들어가고 싶은 마음이 전혀 없었기 때문이다. 어지럽고 촌스럽고 빛바랜 외관부터 식당 진입의 욕구를 튕겨냈다. 돈가스와 황태해장국이라는 메뉴 조합은 어쩐지 돈가스도 맛없고 황탯국도 맛이 없을 것만 같았다. 출입문에 쓰인 '여러분 고맙습니다'라는 문구가 상호라고는 상상조차 할 수 없었다.

불안한 마음을 안고 내부에 들어서니 손님이 단 한 명도 없었다. 불신은 확신으로 바뀌었다. 나중에 안 사실이지만 어머니는 저녁 5시나 6시경 장사를 접는다. 내가 그날의 마지막 손님이었던 것이다. 안쪽의 모습도 지금껏 흔히 접했던 식당들과는 영 딴판이다. '감사합니다'와 '고맙습니다'가 적힌, 전국체전 폐막식에나 어울릴 법한 두 개의 플래카드가 칸막이로 나뉜 두 공간에 각각 하나씩 걸려 있다. 길게 뻗은 철제 의자도 독특하다. 보기에는 마냥 차가워 보이는데, 막상 앉으면 엉덩이가 따뜻하다. 어머니가 직접 의뢰해 제작한, 발열 시스템을 갖춘 의자다. 의외지?

그런데, 어머니는 뭐가 그렇게 고마운 걸까. 뭐가 그렇게 고마워 식당 안팎에 '고맙습니다'와 '감사합니다'를 써 붙인 걸까.

"노점상을 하다 식당을 열기까지, 그리고 아들의 일자리까지 정말 많은 사람들의 도움을 받았어요. 너무 고마워서 식당 이름도 아예 '여러분 고맙습니다'로 정했지."

상호에는 어머니의 지고지순한 진심이 투영돼 있다.

40여 년간 노점에서, 또 식당에서 남을 위한 음식을 만들어 왔는데 정작 본인이 좋아하는 음식은 뭘까?

"된장찌개를 제일 좋아하지. 지금도 된장을 직접 담가요. 간장 안 빼고 전부 된장으로. 간장 빼면 맛이 없어요."

세 그릇

휴, 된장찌개라도 좀 사드시지. 잘하는 집이 얼마나 많은데. 언제까지 어머니가 '새벽 5시 출근, 밤 11시 취침'의 일상을 이어갈까. 식당에서 숙소까지 걷는 짧은 밤길, 두 발이 뜨거워졌다.

아, 맞다. 어머니는 같이 살고 있는 아들의 결혼이 남은 소원이라고 했는데, 그사이 장가갔나 모르겠다. 내가 다른 사람 혼인 걱정할 처지는 아니지만.

MEMO

주소 / 충청남도 공주시 제민천3길 86-1

전화번호 / 041-852-6595

영업시간 / 아침 7시면 문을 열어 저녁 5~6시경 닫는다. 별달리 쉬는 날도 없다. 교회를 다니느라 일요일만 오전 9시쯤 시작한다.

메뉴 / 수제등심구이돈가스 1만 원, 수제안심구이돈가스 1만 2000원, 황태해장국 1만 원, 콩국수(여름 메뉴) 8000원

03

백반으로 돌아온
커 피 두 잔

경상북도 울진군 매화면 매화리
유성다방

아늑한 도심 속의 휴식 공간.

다방 간판에 적힌 문구를 본 순간, 웃음보가 터졌다. 도심이라니, 도심이라니. 대체 어디가 도심인가? 다시 한번 주위를 둘러본다. 산이 있고 들이 있는 매화리, 주민 대부분이 농업에 종사하는 매화리, 가장 번화한 거리의 건물들도 2층을 넘지 않는 매화리, 이발소가 아닌 이용소 또 약국이 아닌 약포(주인 어머니에게 물으니 자유당 정부 시절에 허가를 받았단다) 간판이 버젓이 달려 있는 매화리, 1970~80년대 모습이 여전히 눌러앉아 있는 매화리는 간데없는 시골이다. 그런데, 도심이라니… 이 대담하고 기지 넘치는 글귀를 매단 사람은 과연 누구일까. 목도 마르겠다, 다리쉼임도 해야겠다, 은근히 따가운 봄볕에서 잠시나마 벗어나고 싶겠다, 곧장 다방 속으로 돌진했다.

유성다방 탐구에 앞서 잠깐이나마 마을 구경을 해보자. 매화면(예전 이름은 원남면이었다) 매화리에서 당장 눈에 띄는 이채로운 대목은 이현세만화거리다. 《공포의 외인구단》《떠돌이까치》《아마게돈》《남벌》등 한국 만화계의 거목 이현세 작가의 대표작들이 마을 곳곳의 담벼락에 그려져 있다. 어설프게 '옮겨져' 감동을 반감하는 것이 아니라 만화책에서 걸어 나온 듯 생생하게 표현돼 흥미를 유발하고 추억 여행을 촉진한다. 당연히 작가와의 인연이 궁금할 터인데, 이현세 작가의 고향이 바로 울진이다. 정확히는 울진군 기성면. 관광객을 유치하기 위한 매화면 매화리 이장의 아이디어로 사업이 추진돼 지난 2017년 12월 26일 만화거리가 준공됐다. 특히 매화중학교 운동장을 빙 두르는 담장에는 이현세의 '분신'이라고 할 수 있는 《공포의 외인구단》의 주요 장면이 줄줄이 이어진다. 일편단심의 화신 오혜성(솔직히 온전히 이해하기는 어렵다), 혜성의 영원한 첫사랑 최엄지(어찌 보면 제일 얄밉다), 혜성과 길항하는 마동탁(밉상 그 자체였는데 지금은 좀 달리 해석된다) 등의 '삼두마차'는 물론이고 포수 백두산, 투수 조상구, 감독 손병호 등의 조연도 어김없이 등장한다. 담장을 따라 타박타박 걷다 보면 그때 그 시절이 설핏설핏 떠오르고, 돌아갈 수 없는 시간에 대한 그리움이 보름달처럼 커진다.

매화면복지회관 안에는 만화도서관도 있다. 만화거리와 같은 날 결실을 맺었는데, 이현세 작가의 작품 500여 권을 비롯해 총 1000여 권의 도서가 비치돼 있다. 내가 갔을 때는 홍보가 덜 된 탓인지, 아니면 평일 오전이어서 그랬는지 단 한 명의

이용객도 없었다. 나는 친절한 도서관 운영 담당자가 건넨 국화차 한 잔을 옆에 놓고 책 한 권을 골랐다. 어릴 적 탐독했던 기억이 있는 이현세 작가의 권투 만화였는데, 그 안에서도 까치는 엄지만을 부르짖었다. 잠적한 도서관 내부가 창문을 통해 부서지는 햇발, 그리고 까치의 한결같은 지고지순으로 들끓었다.

유성다방 어머니는 관록의 다방 경영자다. 다방과 함께 살아온 여정이 꽤 길다. 유성다방은 1999년 영업을 개시했는데, 그전에 이미 13~14년간 바로 옆자리에서 다른 다방을 운영했다. 울진으로 건너오기 전 충북 제천에서도 다방을 개업한 적이 있고, 제천 이전에는 강원도 평창군 횡계에서 불고기 식당을 차렸었다. 어머니의 고향은 강원도 정선이다.

적당히 촌스러운 다방 내부는 짐작보다 널찍하고 생각보다 말쑥했다. 관리가 잘되고 있다는 느낌을 받았다. 잘 닦인 테이블은 끈적거리지 않았고, 거죽이 터져 보풀이 일어난 소파가 없었으며, 화창한 4월 하순이지만 아직 치우지 않은 난로의 연통에는 그을음의 흔적이 거의 없었다. 레자 소파에 등을 기댄 어머니는 한껏 여유로워 보였다. 바닥에 붙인 왼쪽 발바닥과 소파에 올려 허공을 향한 오른쪽 발바닥. 누가 봐도 최고경영자임이 분명한 몸자세였다. 나는 느긋한 어머니와 요런조런

이야기를 나누었는데, 어머니의 대화는 강원랜드에 다니며 목
공예에 능통(다방에 있는 목기들도 아들이 실력을 발휘한 것이다)하고
사진도 잘 찍는 아들 자랑에 집중됐다.

　매화리에 위치한 다섯 개의 다방 가운데 최고참인 유성다
방은 주민들의 사랑방이기도 하다. 내가 냉커피를 아껴 마시는
동안에도 동네 아주머니 두 분이 와서 다방 CEO와 수다 삼매
경에 빠졌다. 주요 토픽은 건강과 봄나물. 어제오늘 어디가 쑤
시고 아프다는 신상 정보와 올해는 어느 산에서 나물이 많이
나더라는 고급 정보가 난무했다. 냉커피의 맛보다 네 분(다방에
서 일하는 아주머니 포함)이 나누는 대화를 엿듣는(엿들었다기보다
들렸다는 표현이 적절하다) 맛이 월등했다. 가끔 말참견도 했다. 배
꼽시계가 울어 대지 않았더라면 점심시간이 도래한 것도 모를
뻔했다. 나는 다방 카운터에서 아주머니 두 분의 커피 값까지
계산했다. 종업원 아주머니가 놀란 표정을 지었지만 나는 알리
지 말라고 눈짓했다.

　다방에서 나와 추천받은 인근 식당인 해녀의 집으로 갔다.
그런데, 공사장 인부들의 점심시간과 겹쳐 만석이었다. 차례가
오려면 어느 정도 걸릴 것 같아 일단 다방으로 귀환했다. 다방
을 비운 길지 않은 시간 동안 커피 값을 대신 치른 사실이 주인

어머니와 마실 나온 두 아주머니의 귀에까지 들어간 모양이었다. 연신 고마움을 표시했다. 졸지에 '서울에서 온 마음 착한 젊은이'가 된 나는 식당에 자리가 없어 잠시만 있다 가겠다고 말씀드렸다. 그랬더니 다방 일인자와 이인자가 입을 모아 "밥을 차려줄 테니 먹고 가라"는 게 아닌가. 돌아다니며 폐 끼치는 것을 극도로 경계하는 나는 거듭거듭 괜찮다고 아뢨지만 일인자의 물러섬 없는 권유와 이인자의 발 빠른 실천(상차림)으로 결국 제안을 수용할 수밖에 없었다.

다방 탁자 위에 금세 차려진 '육첩반상'. 가자미구이, 고구마줄기볶음, 머위나물무침, 더덕무침, 초피나물무침, 볶음김치 등이 잡곡밥과 완벽한 하나의 팀을 이루었다. 일류 한정식집 못지않은 아니, 어느 한정식집보다 더 호사스럽고 탐스러운 면면이었다. 정말 맛있어서 두꺼비 파리 잡아먹듯 밥알 한 톨, 나물 한 가닥, 생선 살 부스러기 하나 남기지 않고 싹싹 긁어 먹었다. 이게 끝이 아니었다. 본의 아니게 공짜 커피를 드신 동네 아주머니 두 분이 각자의 집에서 무언가를 들고 왔다.

"어제 개두릅 넣고 떡을 쪘는데 좀 드세요. 향이 너무 좋아요."
"방금 찐 고구마 좀 드세요. 배부르면 가방에 넣어 가져가요."
다방 아주머니는 진한 커피도 한 잔 더 타주었다.
겨우 다방 커피 두 잔 샀을 뿐인데, 겨우 4000원 더 냈을 뿐인데…. 이렇게 '이문'이 크게 남는 '투자'가 어디 있을까. 억만금을 들여도 취할 수 없는 사람과 사람 사이의 정, 무형의 마음을 실체로 확인하는 순간. 이제 울진은 내게 맹물 국수와 다방 백반으로 평생 기억될 것이다.

자, 다방에서 기막힌 백반 한 상 받아본 사람 있으면 손들어 보시라.
없죠?

MEMO

주소 / 경상북도 울진군 매화면 매화리 1181-1
전화번호 / 054-782-7074
메뉴 / 커피 2000원, 냉커피 4000원

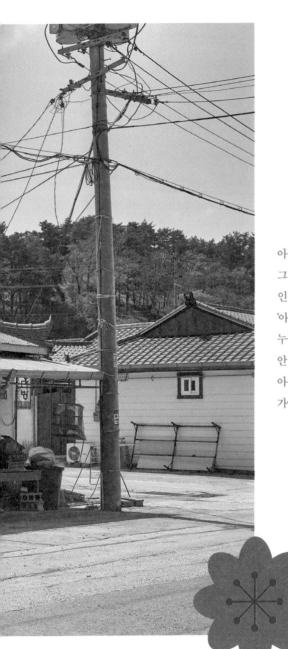

아뿔싸,
그러고 보니 다방의 정취와
인정에 취해
'아늑한 도심 속의 휴식 공간'은
누구의 작품인지를
안 물어봤네.
아무래도 조만간 다시
가야겠다.

04

사랑채 손님과
어머니

서울시 도봉구 방학동

사랑채

압도적이다.

완성된 상차림 전체를 일별해도, 전체를 이루는 낱낱의 요소들을 뜯어봐도 압도적이다.

맛도 압도적이고, 양도 압도적이다. 어머니의 입담도 압도적이다.

눈으로 어루만지고 입으로 음미하기 전까지는 믿음이 빈약했다. 그럴 수밖에 없었다. 가격부터가 눈을 비비고 눈꼬리를 올라가게 만들었다. 무슨 돼지고기 오겹살이 1인분에 2만 5000원(3만 원을 거쳐 지금은 3만 5000원이다)이람? '금겹살'인가? 게다가 조건이 까다로웠다. 뭐? '국민 고기'를 예약하지 않으면 먹을 수 없다고? 뭐? 4인분부터 주문 가능하다고? 뭐? 하루 최대 네 팀까지만 받는다고? 뭐? 경쟁이 치열해 예약이 쉽지 않다고? 이쯤 되면 '어디 얼마나 대단한지 두고 보자'는 날카로운 마음이 돋아나지 않을 수 없다.

지난겨울 어느 날, 실천력 '만렙'의 지인 덕분에 극적으로 예약에 성공했다. 예약 시간은 저녁 7시. 혹시나 늦을까 싶어

부리나케 도봉구 방학동으로 향했다. 지하철을 갈아타며 가는 동안 한껏 부푼 기대감은 식당 외관을 마주하는 순간 풀썩 주저앉았다. 하루에도 100번은 마주칠 것 같은 너무나도 평평범범한 모습. 하지만 급강하한 기대치가 용수철처럼 다시 튀어오르기까지 오랜 시간이 걸리지는 않았다. 사랑채에 들어 어머니가 차린 '밥상'을 보자마자 입이 쩍 벌어지고 놀란 토끼 눈이 됐다. 사람도 그렇지만 식당도 외모로 판단해서는 절대 안 되는 법이다.

첫 번째로 시선을 잡아끈 것은 두두룩한 더덕무침 더미. 여기서부터 어머니의 방대한 스케일이 드러난다. 그냥 먹어도 구워 먹어도, 어떻게 먹어도 맛의 존엄을 잃지 않는 알싸한 더덕무침. 더없이 싹싹하고 부드러워 치아와의 별다른 마찰 없이도 술술 넘어가는 고사리무침. 자작하게 깔린 국물이 풋사과를 깨문 듯 상큼한 톳무침. 오래 보관해도 골마지가 끼지 않고 아삭아삭함이 유지되는 천수 무로 담근 무김치. 생새우·갈치·멸치 등을 넣어 시원함이 폭주하는 배추김치. 직접 담가 양념한 된장. 갈치속젓과 멸치젓을 반반 섞은 젓갈. 상추·깻잎·머위·당귀·고들빼기·열무·쑥갓 등으로 구성된, 수목원을 방불케 하는 어마어마한 양의 쌈 채소(셀 수 없이 많은 식당을 싸돌아다녔지만 이렇게 쌈 채소를 많이 주는 집은 처음 봤다. 이전에도 없었고 앞으로도 없

을 것 같다). 대량으로 끓여 맛이 농후한, 그러면서도 집에서 끓여준 것 같은 느낌이 물씬한 된장찌개. 전반적으로 맛의 균형이 잘 잡힌 음식 구성이다. 이 모든 것을 홀로 창조한 장본인은 사랑채의 주인장 변현복 어머니다. 아 참, 돼지고기는 어떠냐고? 음식을 이토록 공들여 마련하는데, 설마 고기를 아무렇게나 되는대로 가져올까. 선도 좋고 육색 선명하고 체격 우람한, 아주 만족스러운 오겹살이었다.

올해 63세인 사랑채 어머니는 전남 장성에서 태어나 스무 살에 상경했다. 고향에서 보낸 시간보다 고향을 떠나온 시간이 더 길다. 식당의 역사는 장구하지 않다. 10여 년 전 먹고살기 위해 시작했다고 한다. 창업 경위에 대해 의미심장한 말을 덧붙였지만 나는 더 이상 캐묻지 않았다. 왠지 듣추고 싶지 않았다. 변 어머니의 하루해는 짧기만 하다. 영업 전에도, 영업 중에도, 영업 후에도 쉴 틈이 없다. 끊임없이 바쁘다.

——— 영업 전

김치를 담그고 또 담근다. 어머니에게는 김치냉장고가 10대나 있다. 장독대도 있다. 겨울에는 상온에서 김치를 보관한다. 내가 갔던 날에도 담근 날짜와 순번을 써 붙인 김치 통들이

식당 앞에 즐비했다. 김치 맛에 감복한 내게 어머니는 "담근 지 얼마 안 됐는데 밖에 그냥 두었더니 잘 익었어"라고 했다. 그런데, 왜 연도를 2019년(방문 일시 2019년 12월 22일)이 아닌 2020년으로 기록했을까. 단순 실수겠지? 김치 이외에 장도 담그고 참기름도 짠다. 채소도 다듬어야 한다. 어머니의 손가락은 퉁퉁 부어 있고, 손톱은 때가 낀 것처럼 보이는데 두꺼운 머위 껍질 까느라 그렇게 됐단다. 예약도 받아야 한다. 전화벨이 자주 울릴 것이다. 벽에 걸린 달력과 벽에 붙인 메모지를 보면 알 수 있다. 예약이 가득 찼다. 혹여 오겹살 이외에 백숙 같은 다른 메뉴를 예약하면 사전 준비 시간은 더 걸릴 것이다.

중단 없이 개입하고 참견한다. 정당한 개입이고, 이유 있는 참견이다. 고기를 굽고 자르기도 하지만 먹는 방식을 지속적으로 일러준다. 불판 위의 주인공은 돼지고기만이 아니다. 처음 짝패를 이루는 것은 굵직한 새송이버섯. 버섯이 노릇노릇하게 익으면 곧장 참기름장에 찍으라는 명령이 하달된다. 후속 타자는 더덕무침. 고기와 맞짱을 떠도 꿀리지 않는 귀물이다. 그다음은 어머니의 비범한 양념으로 즉석에서 썩썩 버무린 부추무침이다. 부추무침 또한 그냥 먹든 불에 올려 구워 먹든, 어느 쪽을 택해도 맛이 고상하다. 오겹살이 구워지면 채소와의 결합 방식을 지시한다. 쌈 채소의 종류가 다양하니 싸 먹는 경우의 수 또한 다양하다.

사랑채는 공간이 협소한 편이다. 테이블이 6개 있는데, 그나마 2개는 놀린다. 4개의 테이블이 어머니가 생각하는 한계치다. 끊임없이 손님을 건사하기 때문에 더 많이 받을 수도 없다. 요즘은 하루 세 팀만 수용하는 것 같다. 틈틈이 음식 프로그램 흉도 봐야 한다.

"아니, 자기 집 주방 환풍기나 한번 만져보라지. 고추장, 치즈, 설탕 때려 붓고 뜨겁게 해서 먹으면 맛없는 게 어디 있나?"

술도 마셔야 한다. 누가 억지로 권하는 게 아니다. 본인이 술을 좋아한다. 주량도 세다. 손님상에 슬쩍 끼어들어 술잔을 채우고 비운다. 건배할 때면 거의 기합에 가까운 소리를 지르거나 복명복창을 요구한다.

"그대와 나의 행복을 위하여!"

"자, 지금부터 원샷 갑니다."

어머니는 말투가 특이하다. 군대식 어미를 즐겨 사용한다.

"사랑채 마담 한창 영업 중입니다."

"지금 복사꽃 피우고 있습니다(어떤 맥락에서 나온 말이지 기억이 가물가물하다)."

"자, 먼저 상추 한 장을 손에 올립니다. 그리고 깻잎을 얹습니다. 쑥갓도 올립니다. 고기를 집습니다. 된장을 바릅니다."

흥이 오르면 스스럼없이 노래도 부른다.

능금빛 순정(배호)

사랑의 미로(최진희)

가을을 남기고 간 사랑(패티 김)

소주 몇 잔을 털어 넣은 어머니가 불콰하게 물든 얼굴로 잇따라 부른 세 곡이다. 아니, 어머니는 무슨 재주가 이리 많은가. 요리 솜씨 출중하고 말솜씨 걸출한데, 노래 솜씨마저 절묘하다.

위낙 제공되는 음식의 양이 많아 모조리 다 먹기란 불가능에 가깝다. 속상할 필요 없다. 어머니가 먹고 남은 모든 반찬과 채소, 젓갈과 장을 꼼꼼하게 싸준다. 명절에 고향 집 갔다 친정엄마가 차 트렁크에 바리바리 실어 놓은 농산물 보따리 같다. 사랑채 손님들이 모두 돌아가고 나면 수북하게 쌓인 뒷설거지가 어머니를 기다린다.

─────── 연장전

그날 저녁 내 옆 테이블에는 20대 후반의 손님 넷이 자리했다. 여자 둘, 남자 둘. 남자 1호는 전직 프로야구 선수로 지금은 우이동에서 국밥집을 운영한다고 했다. 남자 2호는 청담동에 있는 프렌치 레스토랑에서 일한다고 했다. 까르르까르르. 발랄한 청춘들의 테이블에서는 웃음꽃이 무수하게 피어났다. 남자 1호가 열창한 김조한의 '사랑에 빠지고 싶다'를 끝으로 네 명의 흥겨운 자리도 마무리됐다. 젊은 친구들을 배웅한 어머니는 우리 테이블을 최종 행선지로 삼았다. 달아오른 흥을 쉽게 누그러뜨릴 생각이 없는 것처럼 보였다.

어머니는 소주 한 병과 맥주 한 병, 그리고 개당 1만 원에 판매하는 큼지막한 석류 한 개를 추가로 꺼냈다. 즉석에서 쌈

밥을 만들고, 김치 국물에 찰밥도 비볐다. 계속 물을 첨가해도 진한 맛이 퇴보하지 않는, '영혼의 피로까지 씻어주는(실제로 벽면에 붙은 메뉴에 이렇게 쓰여 있다)' 매실냉차도 내왔다. 우리 넷은 30년 지기 친구처럼 허물없이 웃고 떠들었다. 새털처럼 가볍고 태산처럼 진중했던 밤, 그날 밤.

"내가 미쳐야 손님도 미쳐요. 내가 행복해야 손님도 행복해. 결론은, 음식이 맛있지 않으면 절대 문턱을 넘어오지 않아요."

예정된 시각을 훨씬 넘겨 자리가 파했다. 어머니의 산해진미와 어머니의 주옥같은 말들의 틈바구니 속에서 나는 이상하리만치 다음의 말이 길래 마음에 남았다.

"세상에 두려운 것이 없지만 자식에게 피해 끼치는 것만큼은 두려워요."

세상의 모든 어머니들이 그렇겠지. 내 어머니도, 당신의 어머니도.

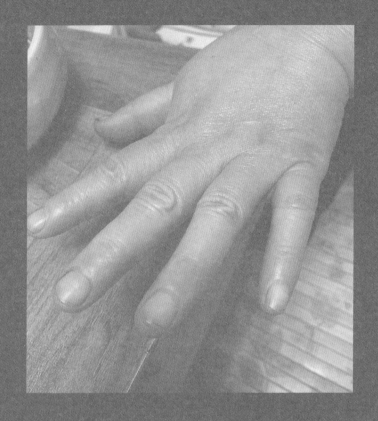

MEMO

주소 / 서울시 도봉구 도당로11길 5
전화번호 / 02-955-2141
영업시간 / 전화 문의 필수, 예약 필수.
메뉴 / 생오겹살 1인분 3만 5000원, 추가 1만 7500원, 장모님백숙 15만 원, 더덕밀크셰이크 9000
원, 인삼밀크셰이크 1만 원, 매실냉차 8000원

정희식당 이전안내
(051) 721-5448
금번에 기존 점포에서 약 200m 떨어진 곳에
점포를 이전하였습니다. 착각하지 말고 찾아오시기 바랍니다.
위치: 이 천 10길 32 가화만사성 아파트앞

05

긴장 백배,
스릴 만점의 밥상

〜〜〜〜〜〜〜〜〜〜〜〜〜〜〜〜〜

도통 종잡을 수 없는 정희식당 어머니의 마음. 마성의 캐릭터.

──── 첫 번째 만남 : 2018년 9월 3일 월요일 AM 11:53

인터넷의 바다에서 우연히 발견한 정희식당의 겉모습은 으스스했다. '이런 데서 음식을 판다고?' 인기척 하나 들리지 않는, 오랫동안 방치되고 버려진 건물처럼 보였다. 흡사 철거 직전의 폐가 같았다. 그래도 주인아주머니가 차린 취향 저격의 밥상을 꼭 만나보고 싶어 용기를 냈다. 2018년 9월 3일 점심 식사를 위해 당일 오전 8시 반쯤 전화로 예약을 넣었다. 약속한 시간인 낮 12시보다 7분인가 8분 일찍 식당에 들어섰다. 나머지 일행은 아직 도착하지 않은 상황. 주인아주머니와 눈이 마주쳤다. 숨 막히는 '저스트 투 오브 어스Just Two of Us'

"(쭈뼛거리며) 12시 4명 예약했는데요."
"(평생 웃어본 적 없을 것 같은 얼굴로) 12시 아직 안 됐는데 왜 벌써 왔어요?"
사투리가 진하고 목소리가 카랑카랑하다. '사전 조사'를 통해 식당 어머니가 결코 평범하지 않다는 점을 인지하고 있던 터라 나는 재빨리 꼬리를 내렸다.

"밖에서 기다릴게요."

"들어와요. 못 견딜 텐데."

못 견딘다니, 뭘 못 견딘다는 걸까. 그리고 '예약 부도'도 아니고 늦게 온 것도 아니고, 그렇다고 아주 일찍 온 것도 아닌데…. 불과 수 분 일찍 왔을 뿐인데 나는 왜 이리 졸았던 걸까. 마블 코믹스의 어떤 빌런보다도 위풍당당한, 분위기를 일거에 장악하는 절대 카리스마 앞에서 나는 머릿속이 하얘졌다(식사를 끝마칠 때쯤 알게 됐지만 어머니는 당시 시간을 오전 11시 40분으로 착각했다고 한다. 그래봤자 12~13분 차이지만).

내가 최초 입성 전 취득한 정희식당의 두드러진 특징 몇 가지는 다음과 같았다. 첫째, 영업시간이 짧다. 점심 장사만 한다. 대략 두 시간 반 정도. 둘째, 예약 필수. 보통 당일 오전 전화로. 셋째, 메뉴판이 존재하지 않는다. 예약 시 가자미찌개와 김치찌개 중 하나를 선택해 인원수와 함께 알리면 된다. 적어도 세 명 이상. 가격은 1인당 1만 원(더 지불하는 사람도 있다, 나는 넷이 가서 5만 원을 냈다. 감사해서, 두말할 나위 없이 맛있어서, 1만 원이 저렴하다고 생각돼서). 그런데, 전화 예약 부분이 희한하다. 간판 없는 식당의 출입문에 적힌 전화번호 일부가 보이지 않았던 것.

정희식당 어머니가 그랬다. "전화가 너무 많이 오는 게 싫어서 내가 일부러 뗐잖아." 아니, 대체 그럼 단골 아닌 사람들은 어떻게 예약하라는 걸까. 이때만 해도 정희식당은 주소 검색조차 되지 않았다. 나도 누군가가 블로그에 올린 정보가 없었더라면 전화 예약은 꿈도 꾸지 못했을 것이다. 하여튼 범상치 않은 어머니다.

자리에 앉자 어머니가 음식을 내오기 시작했다. 차곡차곡 쌓여 17가지의 '일품요리'가 집결했다. 센터를 차지한 가자미찌개(조림에 가까운 형태) 주위를 문어숙회, 소라숙회, 멍게회, 멍게젓갈, 도루묵조림, 붕장어조림, 서실무침, 미역귀부각, 호박잎찜, 배추김치, 콩잎물김치, 콩잎된장장아찌, 콩잎양념장아찌, 가지무침, 비름나물무침, 생선미역국 등의 '초호화 군단'이 에워쌌다. 여기에 문어를 찍어 먹을 초장과 호박잎에 바를 강된장까지. 어머니가 틈나는 대로 장을 봐서 한 땀 한 땀 수놓은 진수성찬이다. 바닷가 도시답게 해산물도 풍성하지만 내 입맛을 꼼짝없이 사로잡은 것은 호박잎+강된장 콤비와 콩잎 삼총사였다. 경상도에서 살아본 적 없는 사람인데, 경상도 향토 음식인 콩잎김치와 콩잎장아찌가 어찌나 입에 잘 붙는지 먹으면서도 신기했다(예전에도 몇 번 경험한 적이 있다).

첫 번째 만남에서 알게 된 사실 두 가지.

1) 어머니는 표리부동하다

어머니가 손님들이 음식 사진 찍는 걸 매우 싫어한다는 글을 읽은 적이 있다. 찍어서 인터넷에 올리는 걸 싫어하고, 더 이상 알려지는 게 싫다는 거다. 문제는 누가 오더라도 휴대폰이나 카메라를 만지작거리지 않을 수 없다는 점. 정말 근사한 상차림이기 때문이다. 나도 어머니의 움직임을 살피며 '진땀 촬영'을 감행했는데, 그 장면을 본 어머니가 못마땅한 표정을 지었다. 순간, 심장이 터질 것만 같았다. 그때 벼락처럼 떨어진 어머니의 일성.

"잠깐 기다려. 가자미찌개 안 나왔잖아. 찌개를 가운데 놓고 찍어야 예쁘지."

헐, 예상치 못한 대반전이다.

어머니는 또 냉정한 말투와는 달리 밥과 반찬이 모자라지 않은지 계속해서 확인했다. 하나라도 더 먹이고 싶어 하는 외할머니 같았다. 손주들이 잘 먹으면 흐뭇한 외할머니처럼 손님들이 밥을 더 달라고 하면 어머니는 기뻐했다. 표정에서 드러나지 않았지만 나는 분명히 느낄 수 있었다. 우리는 네 명에서 30분 만에 고봉밥 아홉 그릇 분량을 포함, 모든 음식을 초토화했다. 어머니의 비위를 맞추려고 부러 그런 것은 아니고 너무너무 맛있어서 수저를 멈출 수가 없었다.

2) 소머즈의 귀를 가진 어머니는 투 머치 토커다

어머니는 주방에서 음식을 준비하면서도 손님들이 꺼낸 말을 하나도 놓치지 않았다. 손님끼리 주고받는 대화에도 말참례를 했고, 특히 식당과 관련된 언사는 한 마디도 흘리지 않고 받

아쳤다. 가게가 조붓해서 그럴 수도 있지만 흔한 청력과 집중력은 결코 아니었다. 강퍅한 성미의, 다른 사람과 말 섞기 싫어할 것 같아 보이는 어머니는 귀뿐만 아니라 입도 바빴다. 손님들이 먹는 모습을 지켜보면서 마치 월요일 오전 운동장 조회의 교장 선생님처럼 마침표 없는 '훈시'를 이어나갔다. 그중 대부분은 본인 자랑이었다.

식당 이름은 어머니의 이름이다. 정정희. 동래 정씨. 부산 출신으로 25년 동안 한자리에서 식당을 유지하고 있다. 언제까지 존치할지는 알 수 없다. 커다란 변수가 있다.

"2년 반 뒤 식당 앞을 지나는 길이 넓어진대. 그렇게 되면 이 건물이 없어질 텐데, 식당을 계속할지 어떨지 나도 모르겠네."

사실 들어서면서부터 끊임없이 고민하고 갈등했지만 이 말을 듣고 나는 결심이 섰다. 라디오를 통해 소개해야겠구나. 어머니의 빛나는 개성과 훌륭한 음식 때문이기도 하지만 아무래도 사라질 것 같다는 조바심 때문이었다. 우리 곁을 떠나기 전 간략하게나마 정희식당 일대기를 작성해야 한다는, 누가 지워준 적 없는 책임감이 내게는 있었다. 어머니가 나중에 알면 크게 역정을 내겠지만 요즘 누가 라디오를 듣나. 라디오에 소개해도 설마 모르시겠지?

　1년 2개월여 만에 정희식당을 다시 만나러 간다. 당연히 당일 오전 전화를 걸어 예약했다. 일로 만나 친해진 동생의 차량으로 이동. 지난번과 동일한 주소 '부산시 기장군 일광면 이천리 441-5'를 내비게이션에 입력한 채 여러모로 무시무시한 식당 앞에 도착했다. 그런데, 문은 닫혀 있고 이전 안내 문구가 붙어 있는 게 아닌가. '금번에 기존 점포에서 약 200m 떨어진 곳에 점포를 이전하였습니다. 손님 여러분께 항상 감사드립니다.' 폐옥처럼 보이는 건물이 정말 폐옥이 된 것이다. 그래도 폐업이 아니라 이전이니 다행이다 싶었다. 서둘러 안내 문구에 적힌 새 주소를 내비게이션에 찍었다. 푸하하. 약 200m는 무슨. 걸어서 약 520m, 차로 약 590m 이동해야 '뉴 정희식당'이 나온다고 기계가 일러준다.

　상전벽해. 3개월 전 둥지를 옮긴 정희식당은 딴 세상이 됐다. 볼품없는 건물에서 육중한 '신식' 건물로, 4인용 테이블 4개를 간신히 들여놓은 식당에서 테이블 10개와 별도의 방을 거느린 넉넉한 식당으로. 전화번호? 너무나 선명했다. 변경 사항이 하나 더 있다. '가자미찌개나 김치찌개 중 택일'에서 '가자미찌개나 갈치찌개 중 택일'로 바뀌었다.

낮 12시쯤 어리둥절한 표정으로 입장해 세 명 예약했다고 어머니께 인사 드렸다. 라디오에 본인 식당이 나온 것은 알고 있지만 다행히 나불거린 그 사람이 나인 줄은 모르는 눈치였다.

"아니, 언제 옮기셨어요?"

"아이고, 자리 옮기고 6만 명 다녀갔어, 그동안 안 오고 뭐 했노?"

3개월 동안 6만 명이면 하루 평균 667명이 다녀간 셈이다.

바뀌지 않은 두 가지.

1) 어머니는 변함없이 까칠하다

"(찌개 변경을 요구하는 손님에게 '금속성' 목소리로) 안 돼요. 원래 예약한 대로 드세요."

"(두 명 예약 가능하냐는 전화를 받더니) 안 돼요. (전화를 끊고 나서) 아니 내가 무슨 자기들 엄마인 줄 알아. 두 명은 설거지 값도 안 나온다."

워크인 손님도 여전히 받지 않는다. 예약 없이 그냥 들어온, 나이 지긋해 보이는 아저씨가 도발한다.

"아니 빈자리가 이리 많은데 왜 안 된다는 거예요?"

어머니는 '단호박' 그 자체.

"안 됩니다. 출입문에 '예약 손님 받습니다'라고 써놓았잖아요."

어머니는 예약하고 나타나지 않은 사람들에 대한 분통도
터트렸다.

2) 밥상은 변함없이 수려하다

이번에도 17첩 한정식이 차려졌다. 갈치찌개를 중심으로
꽃게된장국, 학꽁치회, 생굴, 굴무침, 문어숙회, 소라숙회, 붕장
어조림, 모자반무침, 미역줄기무침, 미역귀부각, 가지무침, 배
추김치, 백김치, 고추장아찌, 콩잎장아찌, 깻잎장아찌 등이 자
신을 주목해달라며 불꽃 경쟁을 펼쳤다. 이번에도 30분 만에
모든 그릇들이 앙상한 뼈를 드러냈다.

──── 세 번째 만남 : 2020년 6월 29일 월요일 AM 11:35

내가 간이 부었지. 나는 라디오에 이어 유튜브 촬영을 시도
했다. 역시 첫 순서는 예약. 당일 오전 9시 40분쯤 전화를 걸었
다. 오전 11시 40분에 네 명이 가겠다고. 가장 큰 난관은 신분
을 밝혀야 한다는 것. 도둑 촬영을 할 수는 없으니까. 동의 없이
라디오를 통해 식당 이야기를 전파했으니 나는 응당 촬영이 불
가할 줄 알았다. 괘씸죄에 걸렸다고 생각했다. 수화기 너머로

불호령이 내려질 줄로만 알았는데 뜻밖에 떨어진 제한적 허락. 나는 떨리는 마음을 부여잡고 PD 두 명과 함께 5분 일찍 어머니의 홈그라운드로 들어섰다.

"(기어드는 목소리로) 어머니 아까 그…(예약한)."

"여행작가님이세요? 여 와. 이 일을 어찌해야 되겠노."

내 손을 덥석 잡은 어머니는 식사 중인 사람들을 향해 소리쳤다.

"여행작가인데 서울에서 (온). 조지야돼 이거. 인터넷 보고 전부 둘이 둘이 밥 먹으러 오잖아."

나는 고개를 조아린 채로 겨우 자리를 잡았다.

그사이 두 가지가 바뀌었다. 메뉴판이 생겼고, 홀 담당자가 한 명 생겼다. 주말에는 어머니 혼자 일하지만.

밥상은 변함없이 눈부셨다. 행보를 예측할 수 없고 마음속을 짐작할 수 없는 어머니는 황공하게도 메뉴에 없는 도미찌개를 해주셨다. 졸였음에도 싱싱함이 느껴지는 도미의 살점. 나박한 무는 바닥에 깔렸다. 자연스러운 단맛이 밴 국물이 입에 착착 감겼다. 나긋나긋한 향의 멍게회와 짜지 않아 밥에 비벼 먹어도 맛있는 멍게젓갈. 주로 사용하는 콩잎은 제철이 아니라 다른 콩잎을 이용해 만든 콩잎장아찌와 콩잎물김치는 예전보다 더 부드러웠다. 탄산이 느껴지는 물김치, 상쾌한 호래기(꼴뚜기)회, 밥과의 호흡이 천하일품인 도루묵조림, 산초가루 맛이 살짝 느껴지는 배추김치. 그리고 호박잎과 강된장, 붕장어조림, 참소라숙회, 문어숙회, 다시마부각, 가지무침, 취나물무침, 고구마줄기볶음, 고추조림 등등. 밥 두 공기는 예견된 수순. 어떠한 테이블도 밥 한 공기로 끝나는 법이 없다. 텅 빈 그릇을 들고 알아서 주방 앞으로 다가오는 손님들.

"아이고, 비싼 반찬만 더 달라고 하네."
말은 그렇게 해도 아낌없이 내준다.

정신없이 바쁜 어머니에게 몇 가지를 물었다.
"예전 식당 건물 생각 안 나세요?"
"지금 봐도 눈물이 나지. 그때 왜 2년 반 후면 식당 앞쪽 길이 넓어져 건물이 없어질지도 모른다고 했잖아? 그 자리에서 그냥 2년 정도 더 (장사)하고 그만할 생각이었지. 지금 건물은 문중 소유. 1층에 식당 자리를 마련해줬지. 물론 월세는 내고. 언제까지 할 거냐고? 글쎄 힘닿는 데까지 하지 않을까."
"근데 왜 이렇게 싸게 하세요?"
"싸게 해서 고마 치아뿌지 그거 뭐. 밥을 파는 사람들은 너

무 이익을 생각하면 안 됩니다. 이 음식은 자격증 따서 되는 음식이 아닙니다. 나는 내 마음대로 하는 거예요."

어머니는 밥값을 받지 않았다.

"힘들어서 밉기도 했지만 한편으론 고마워서 내가 꼭 한 번 대접하고 싶었어요. 그 돈으로 올라가면서 맛있는 거 사 먹어."

원래는 돈을 더 드리려고 일부러 현금도 찾아놓았던 터다. 평소라면 절대 있을 수 없는 일이지만 나는 어쩐지 어머니의 마음을 받고 싶어졌다.

"다음에 올 때 서울에서 맛있는 거 사올게요."

"그래, 그러면 되겠네."

네 번째 만남에서 어머니는 나를 또 어떻게 다루실까. 벌써 부터 설렘과 긴장이 공존한다.

MEMO

주소 / 부산시 기장군 일광면 이천10길 32
전화번호 / 051-721-5488
영업시간 / 점심 장사만 한다. 보통 오전 11시 40분경부터 예약한 손님을 받는다.
메뉴 / 가자미찌개 1만 원, 갈치찌개 1만 원

06

한겨울
후끈했던 한나절

2020년 1월 11일, 전주시 완산구에서 보낸 토요일 오전과 낮의 행적을 되짚어보자.

─────── AM 10:50 경원동3가 꽃사슴분식

"처음 와요? 우리 집에는 처음 오는 사람 없는데. 다 단골이야."

연탄난로가 실력 발휘를 제대로 못 해 아직 냉기가 감도는 실내. 어제 빨아 의자에 걸쳐 놓았다 아직 회수하지 못한 행주. 어머니는 주말 오전 낯선 손님의 출현이 의아했는지 약간의 경계심을 표출했다. 인기척에 놀란 꽃사슴의 무구한 눈망울 같았다. 어머니와 나 사이에 한 명 더 있었다. 동네 주민으로 보이는, 어슷비슷하게 발을 들여놓은 어르신이 칼국수 2인분을 집에서 가져온 용기에 담아 집으로 가져가기 위해 기다리고 계셨다.

국수를 퍼 담으며 어머니가 한 말씀 건넨다.

"아휴, 오늘 국물이 너무 많아."

"아하하, 우리는 좋지."

어르신이 떠나고 홀로 남았다. 더 냉랭해진 공기. 직접 반죽한 밀가루를 납작하게 펴주는 기계 소리와 납작하게 된 밀가루 반죽을 칼로 써는 소리만이 적막한 공기에 아등바등 생기를 불어넣었다. 어머니의 칼질은 마치 메트로놈처럼 템포가 일정했다. 어머니는 왼손에 칼을 쥐었는데, 어머니의 왼쪽 손목에는 붕대가 감겨 있었다. 여쭤보니 다쳤다고 짧게 답하신다. 다른 연유로 손목 부상을 입은 것인지, 수도 없이 반복된 칼질이 초래한 피로골절인지 정확히 알 수는 없었지만 후자가 아닐까.

드디어 내 품에 안긴 칼국수 한 그릇의 구성 요소는 눈에 별로 띄지 않는 호박과 고추, 그리고 면과 국물이다. 매주 출연하는 TBS 라디오 <라디오를 켜라 정연주입니다>의 수요일 코너 '전국 우리 동네 식당 자랑'에서 나는 어머니의 칼국수를 대략 이렇게 묘사했다.

"국물은 차분하고 단정하고 깔끔하고 군더더기 하나 없어요. 맑은 계통이지 걸쭉한 국물이 아니에요. 하늘거리는 면발은 기계가 뽑아낸 듯 굵기가 똑같아요. 학창 시절을 돌이켜보면 손 자주 들고 발표 잘하고 목소리 크고 액션 큰 그런 친구들이 아니라 있는 듯 없는 듯 자기 자리를 조용하게 지키고 있는 학생, 그러면서 자기 일 옴팡지게 잘하는 친구, 뭐 그런 느낌이에요. 알록달록하고 화려한 문양의 옷이 아니라 수수한 리넨

셔츠 같은 칼국수죠."

은은하고 은근한 국물이지만 매운 고추의 영향으로 칼칼한 맛이 희미하게 어른거리는 칼국수는 그 자체로도 훌륭하지만 후련함을 선사하는 배추김치와 복식조를 결성하니 더 바랄 나위가 없었다. 국수 양이 적어 공깃밥을 투입할까 고심에 고심을 거듭했는데, 순정한 국물이 혼탁해지는 것을 방지하기 위해 마지막까지 인내심을 발휘했다. 지금도 그 결정에는 후회가 없다.

——— AM 11:31 태평동 오거리콩나물해장국

칼국수에 이어 곧바로 콩나물국밥을 영접하기 위해 걸음을 재촉했다. 식당 문을 열고 쪼르르 놓인 의자에 엉덩이를 붙였다. 국밥의 자태를 대면하기 전부터 눈이 부셨다. 식당 유리문으로 콸콸 쏟아진 햇살 때문이다. 세트를 잘 쓰는 이명세 감독 초기 영화의 한 장면을 보는 듯했다.

실질적인 단일 메뉴 식당이라 뭘 먹을지 좌고우면할 필요가 없었다. 콩나물국밥은 고정이고 순한 맛, 중간 맛, 매운맛 중에서 선택하면 된다. 오징어도 추가할 수 있다. 갈수록 매운 음식을 버티는 일이 힘겨워 매운맛은 애당초 고려의 대상이 아니었다. 순한 맛과 중간 맛에서 갈팡질팡하다 중간으로 귀착. 중간 맛을 소화한 내 소감은 이랬다.

"어우, 매워요. 매운맛 먹으면 죽겠는데요."

주인 아저씨가 득의의 웃음을 지으며 말한다. "원래 얼큰하게 먹어야 맛있어요."

주인 어머니가 거든다. "매운맛 찾는 사람도 많아요. 특히 여자들."

내가 들어올 때만 해도 손님이 썰물처럼 다 빠져 아무도 없

었는데, 자리에 앉자마자 여섯 명의 밥 동무가 생겼다. 한꺼번에 들이닥친 것은 아니지만. 내 왼쪽으로 남녀 한 쌍이 착석했고, 그중 남자가 지하 100m까지 가라앉은 목소리로 "아이고 누님, 어제 너무 마셔서 죽겠어요"라고 호소했다. 사실 말하지 않아도 알 수 있었다. 간밤 음주의 흔적이 얼굴에 고스란했다.

오거리콩나물해장국은 '원 테이블 레스토랑'이다. 술청 같은, 철판을 씌운 긴 탁자 하나가 떡하니 버티고 있다. 좌석은 몇 개 없지만 슬로푸드이자 패스트푸드인 콩나물국밥의 특성상 회전율이 빠르다. 손님의 매운맛 단계를 접수하면 밥이 담긴 뚝배기에 국물을 부었다 따랐다 하는 토렴의 과정을 거치며, 즉석에서 파와 고추를 썰고 마늘을 빻아 국밥에 얹어 낸다. 그리고 빠트릴 수 없는 수란. 국물 몇 숟가락을 살며시 넣은 다음, 깻잎장아찌와 더불어 항상 준비되는 조미 김을 찢어 보탠다. 그러고는 훌훌 마시듯이 먹는다.

진땀이 삐질삐질 났지만 호쾌한 국물에 반하지 않을 수 없었다. 모래 위 새긴 글자가 파도에 씻겨 지워지듯 며칠간 누적된 알코올의 잔해들이 감쪽같이 사라졌다. 이런 국물이 있어 주당 죽으란 법 없는 것이다.

——— PM 12:06 서노송동 백년커피방

　백년커피방은 칼국수에 이어 곧바로 콩나물국밥을 영접하기 위해 걸음을 재촉하다 시야에 들어온 곳이다. 결론부터 내밀자면 이곳에서 보낸 90분이 너무나도 값지고 아름다웠다. 참 희한하지. 길눈이 밝은 것도 아니고 잠귀가 밝은 것도 아닌데, 그러니까 예민하고 기민한 사람이 아닌데 이런 공간은 잘도 찾아낸다. 게다가 백년커피방은 도보 여행자의 눈높이를 훨씬 상회하는 2층에 둥지를 틀고 있다. 간판도 2층에 달려 있다.

　"간장 냄새 나도 이해해주세요."
　연탄난로가 작동하는 다방 내부는, 적어도 내 눈에는 장관이고 절경이었다. 일단, 1953년 영암에서 태어난 주인 어머니는 주방에서 경기도 동탄 사는 딸에게 보낼 반찬을 만드는 중이었다. 간장 향의 진원지였다. 상당히 넓은 홀 중앙의 테이블에서는 건물 1층의 백반집 아주머니가 쪽파를 다듬고 있었다. "나물해서 먹으려고요." 또 다른 테이블에는 주인 어머니가 직접 띄운 메주가 놓여 있었다. 세상에, 쪽파와 메주가 점령한 다방 풍경이라니.

　직장을 다니다 첫딸이 고등학교 올라간 해에 다방을 시

212

작했으니 벌써 30여 년의 세월이 흘렀다.

"우리 집은 동네 사랑방이라 하루라도 문을 안 열면 난리가
나요."

어머니의 다방 커피는 '하이브리드 커피'다. 특이하게 테이
스터스 초이스와 맥심을 섞는다. 뜨거운 물에 오롯이 녹은 초
이스와 맥심의 캐릭터를 분별해낼 재주가 내겐 없지만 어머니
가 이렇게 타야 더 맛있다고 하니 커피 한 모금 한 모금이 어딘
가 더 풍성하게 느껴졌다. 나는 커피에서 멈추지 않았다. 모든
국산차를 손수 만든다는 말에 일 초의 망설임도 없이 추가 발
주를 단행했다. 지난가을 직접 말린 모과로 청을 담갔다는데,
진하고 새콤한 모과차는 참으로 절창이었다. 맛과 향을 우려낸
과육의 품격도 준수했다. 감동한 나는 커피와 모과차에서 멈추
지 않았다.

"생강차도 주세요."

앉은자리에서 연거푸 석 잔을 시키니 흠칫 놀란 어머니. 그
래도 생강차 홍보를 빼먹지 않았다.

"형님이 농사지은 생강이에요. 단골손님들은 감기 걸리면
병원 대신 여기 와서 차 마셔요."

알싸하면서 슬쩍 단맛이 끼어드는 생강차. 어머니가 자부

심을 가질 만했다.

"모과차에 생강차까지 마셨으니 감기 기운이 오다가 달아나겠는데요"라고 나는 너스레를 떨었다.

칼국수와 콩나물국밥으로 든든해진 배 속, 커피와 모과차와 생강차로 화사해진 입속, 두서와 갈피는 없었지만 어머니와 나눈 소소한 이야기로 몽글몽글해진 마음속. 계속 눌러앉아 있고 싶었지만 이제 정읍으로 떠날 시간. 계산을 치르고 다방을 나서려는데, 삶은 메추리알의 껍질을 까는 모습에 잠시 주춤했다. 참새가 방앗간을 지나치지 못한 것. 결국 어머니께 온기가 남아 있는 두 알을 날름 받아먹었다. 넉살이 좋아 어디 가서도 배곯을 일은 없다.

MEMO

꽃사슴분식
주소 / 전라북도 전주시 완산구 현무3길 9-70
전화번호 / 063-282-0655
영업시간 / 오전 10시부터 오후 1시까지로 영업시간
이 짧다. 단체로 예약하면 오후에도 칼국수를 끓여주
신다. 일요일 휴무.
메뉴 / 칼국수 3000원, 곱빼기 4000원, 공깃밥 1000원

오거리콩나물해장국
주소 / 전라북도 전주시 완산구 공북로 83
영업시간 / 일찍 시작해서 일찍 끝마친다. 아침 5시부
터 오후 1시까지. 월요일 휴무.
메뉴 / 콩나물국밥 6000원, 오징어(한 마리) 5000원,
공깃밥 1000원

백년커피방
주소 / 전라북도 전주시 완산구 노송여울1길 7-2
전화번호 / 063-285-4232
영업시간 / 평일에는 오전 8시 30분에서 9시 사이에
문을 열어 오후 6시에 문을 닫는다. 주말은 오전 11시
쯤 오픈.
메뉴 / 커피 3000원, 모과차 3000원, 생강차 3000원

여기가 아파서 안 되겠더라고

아, 만나자마자 이별이구나. 그러니까 34년간 이어온 어머니의 식당 여정의 끝에서 나는 시작하는구나. 폐업을 두 달여 앞둔 시점, 나는 여기를 왜 이제야 온 걸까. 나는 잠깐 아득했고 금방 정돈했다. 어떻게든 어머니의 지난날을 기억하고 기록해야겠구나. 그 어느 때보다 정신을 곤추세우고 귀를 활짝 열었다.

01

삼태기로 쓸어 담고 싶은
꽈배기와 도넛

서울시 성북구 삼선동2가
삼태기도너츠

"삼태기를 몰라?"

유튜브 <노중훈의 할매와 밥상>(채널명은 펀플렉스)을 제작하는 허니잼 엔터테인먼트의 스물세 살 PD와 20대 중반의 PD가 합창을 한다. "네, 몰라요." 서른다섯 살 PD는 한술 더 뜬다. "덤태기(표준어는 덤터기)는 알아도 삼태기는⋯." 그래, 모를 수도 있지. 나도 삼태기 실물 본 지는 아주아주 오래됐다. 삼태기를 모르는데 강병철과 삼태기의 '행운을 드립니다'라는 노래는 더더욱 모르겠지? 하여튼 삼태기는 몰라도 상관없다. 삼태기도너츠만 알면 된다.

삼태기도너츠의 운영 주체는 충남 태안 출신의 아내와 충북 증평 출신의 남편이다. 아내는 반죽하고, 반죽을 숙성시키고, 숙성된 반죽으로 꽈배기와 도넛의 모양을 잡는다. 남편은 아내의 '작품'을 받아 기름에 튀기고 설탕을 묻히고 손님에게 판매한다. 긴밀한 협업 시스템. 호흡이 척척 들어맞는다.

부부는 10년 전인 2010년 삼태기도너츠와 연분이 닿았다. 그전에는 왕십리에 소재한 무학초등학교 앞에서 약 13년 동안 떡볶이 장사에 매진했다. 컵떡볶이 300원, 떡꼬치 100원. 부근

에서 '무학초등학교 앞 떡볶이집 모르면 간첩'이라는 말이 나
돌 정도로 활황을 누렸다. 하지만 일을 도맡은 아내는 지쳐갔
다. 너무 힘들었다. '일태기(일+권태기)'도 찾아왔다. 결국 가게를
내놨다. 여담이지만 매일같이 지나다니며 분식집을 눈여겨본
어느 학부형의 강력한 권유로 그 집안의 사촌 여동생이 인수했
다고 한다.

휴식기는 오래가지 않았다. 300원짜리 떡볶이와 100원짜
리 떡꼬치 팔아 얼마나 벌었겠나. 좀 쉬다 다시 생업으로 복귀.
재차 꺼내든 카드는 떡볶이. 가장 익숙하니까. 너에게로 또다
시. 그러나 뜻을 이루지는 못했다. 삼태기도너츠 바로 옆 식당
에서 떡볶이를 팔고 있었던 것. 아내의 말을 들어보자.

"가게를 빼야 하나 고민이 되더라고요. 그때 지금 자리에서
장사하던 삼태기도너츠 사장님이 혼자서 하기에도 괜찮으니
의향이 있으면 기술을 알려주겠다고 했어요. 일주일간 배웠죠,
레시피도 받고. 상호도 그대로 쓰게 됐어요. 은퇴 후 다른 일 알
아보던 남편도 합류했고."

삼태기도너츠의 '선수 구성'을 들여다보자.

1. 쫄깃쫄깃 찰꽈배기

2. 쫀득쫀득 찹쌀도넛

3. 달콤한 단팥도넛

4. 채소 듬뿍 카레크로켓

5. 뺑글뺑글 햄말이

6. 흰앙금생도넛

7. 링도넛

8. 샐러드빵

입에 짝짝 달라붙는 작명은 아내의 솜씨다. 실제로 맛을 보면 찰꽈배기는 졸깃졸깃이 아니라 쫄깃쫄깃하고, 찹쌀도넛은 존득존득이 아니라 쫀득쫀득하다. 된소리가 잘 어울린다. 단팥도넛은 달콤하고, 크로켓에는 채소가 듬뿍 들어 있다. 뱀이 똬리를 틀 듯 반죽이 소시지를 감싼 햄말이에 뺑글뺑글이란 단어를 붙인 것도 무릎을 탁 치게 한다. 이름표가 발랄하다면 가격은 우직하다. 1번부터 7번까지는 개당 700원이고, 8번만 1500원이다. 더구나 700원짜리 3개를 현금 구매하면 100원 깎아준다. 6개 사면 200원 할인. '창사' 이래 단 한 번의 가격 인상을 단행했다. 2017년 9월에서야 개당 500원에서 700원으로(샐러드빵은 1000원에서 1500원으로) 겨우 200원 올랐다. 그래도 가격 저항은 좀 있었다. 손님이 줄어든 것.

"직접 해보니까 사람들이 이걸 왜 안 하려는지 이해가 되더라고요. 들이는 품에 비해 이윤이 너무 야박해요."

실체가 없는 말이 아니다. 생각보다 공정이 복잡하고, 노동의 강도가 매우 높다. '노동집약적'이 아니라 '노동폭발적'이다. 끊임없이 밀가루 반죽을 치대야 하며, 숙성 및 발효는 한 번에 끝나지 않는다. 손가락 마디, 손목 관절, 어깻죽지까지 아프지 않은 곳이 없다. "휴가 때 검진받기 바빠요"라는 아내의 말이 허투루 들리지 않는다. 통제할 수 없는 외부 요인도 고충을 더한다. 카레크로켓의 중요한 재료 세 가지는 달걀, 양파, 감자. 2017년 달걀 파동이 일어났고, 이듬해에는 감자 가격이 껑충 뛰었다. 인상분은 끝내 크로켓 가격에 반영되지 않았다. 아니, 반영할 수 없었다. 삼태기도너츠가 장수하기를 바라지만 저간의 사정과 두 분의 건강을 감안하면 장담할 수 없는 노릇이다. 앞으로 10년 정도 더 끌어가자는 게 남편의 가감 없는 생각이다.

삼태기도너츠에서는 기름에 절거나 눅눅한 빵 먹을 일이 거의 없다. 진열장에서 물건 빠지는 상황을 살펴 그때그때 튀겨내기 때문이다. 형편 닿는 한 가장 좋은 기름을 사용하고, 반죽할 때 물 온도도 꼼꼼하게 점검한다. 아침 8시 반쯤이면 그날의 첫 꽈배기와 첫 도넛이 매대에 출석한다. 몹시 좁은 내부는 손님을 위한 자리가 따로 마련돼 있지 않아 대부분 포장해 간다. 한성대학교 학생들의 마음의 고향으로 불리는 삼태기도 너츠. 당연히 단골도 많다. 제집 드나들 듯하는 어느 배우는 도 넛과 꽈배기 500개를 한꺼번에 구입해 촬영 중인 스태프와 연 기자들에게 돌린 적이 있다고 한다. 하루가 멀다 하고 찾아와 한두 개씩 집어 드는 손님도 있었는데, 무슨 일인지 일 년 동안 칼같이 발길을 끊었단다. 부부는 우스갯소리로 '도넛 안식년 제'가 있나 생각했는데, 어느 날 홀연히 다시 찾아와 기쁨이 배 가됐다.

　몇 달 전 2년여 만에 삼태기도너츠와 재회했다. 모든 것이 그대로였다. 아내의 쉼 없는 반죽과 남편의 간단없는 튀기기. 여전히 빼어난 맛, 여전히 저렴한 가격, 여전히 친절한 부부. 확 실히 단골을 양산하는 삼태기도너츠의 마력 중에는 주인 내외 의 살가운 태도가 큰 몫을 차지한다. 굳이 달라진 점이 있다면 야구광 남편이 응원하는 프로야구팀 한화 이글스의 성적이 2 년 전과 달리 바닥을 치고 있다는 사실(한화 이글스의 2018년 최 종 순위는 3위, 지난해는 9위였다). 그러고 보니 처음 뵀을 때도 아 버지는 류현진 선수의 메이저리그 경기 중계방송을 시청하고 있었다. 나도 야구광인지라 동일한 취미를 소재로 이야기판을 벌인 기억이 난다. 나는 이번에도 내로라하는 베이커리의 페

이스트리 못지않게 결이 예술적으로 찢어지는 찰꽈배기를, 반죽의 힘이 기세등등한 찹쌀도넛을, 서두르지 않는 단맛이 빛을 발하는 단팥도넛을, 소시지와 반죽이 환상적으로 결합한 햄말이를, 들뜨지 않는 매력의 흰앙금생도넛을, 꾸밈없고 소탈한 링도넛을 줄기차게 입에 넣었다. 많이 먹어도 크게 느끼하지 않았다. 아, 애석한 점도 하나 있었구나. 날이 너무 덥고 습한 데다 힘에 부쳐 크로켓과 샐러드빵 생산이 잠시 중단된 상태였던 것. 지난번엔 1번부터 8번까지 골고루 빠짐없이 먹었는데, 크로켓과 샐러드빵도 진짜 맛있었는데. 공연히 입맛만 쩍쩍 다셨다. 아, 뜨끔한 장면도 하나 있었구나. 아버지의 말씀.

"그때는 외모도 그렇고 붙임성이 하도 좋아 50대 아저씨인 줄 알았지. 오늘은 훨씬 젊어 보이네."

울어야 하나 웃어야 하나. 하긴 50대도 코앞이다. 아, '명대사'도 하나 들었지. 어머니의 말씀.

"삼태기도너츠 예전 사장님이 그러셨어요. 손님들에게 서비스 하나씩 주라고. 저는 열심히 반죽하는 게 최고의 서비스라고 생각했어요."

확고한 철학과 확실한 반죽. 최고의 반죽이 그냥 탄생한 것이 아니다.

MEMO

주소 / 서울시 성북구 삼선교로10길 11
전화번호 / 02-766-1617
영업시간 / 예전에는 꽤 늦은 시간까지 영업했지만 요즘은 좀 앞당겨진 듯하다. 원하는 빵이 떨어졌을
수도 있으니 전화로 문의하는 편이 안전하다.
메뉴 / 쫄깃쫄깃 찰꽈배기 700원, 쫀득쫀득 찹쌀도넛 700원, 달콤한 단팥도넛 700원, 채소 듬뿍 카레
크로켓 700원, 뱅글뱅글 햄말이 700원, 휜앙금생도넛 700원, 링도넛 700원, 샐러드빵 1500원

02

이 만두를
언제까지 먹을 수 있을까

부산시 동래구 명장동
일미만두

경북 청도가 고향인 올해 75세의 아버지께 일미만두의 존속 여부에 대해 희망을 담아 조심스레 여쭌다.

"저야 오래오래 해주시면 좋은데 너무 힘드시니까…."

"글쎄, 한 2년 정도 더 할 수 있을까…."

철없는 내가 또 묻는다.

"따님이 물려받으면 안 돼요?"

경남 밀양이 고향인 올해 71세의 어머니가 가로막는다.

"아이고, 쟤 못해요."

어머니의 단답에는 식당 노동의 가혹함과 식당 운영의 지난함이 고스란히 담겨 있다.

부부의 분식집은 역사가 40여 년에 달한다. 동래구의 다른 동네에서 약 2년, 지금 자리에서 38년째 영업을 지속하고 있다. 일미만두는 '처가의 처가의 만두'에서 비롯됐다. 막내딸인 아내의 오빠가 먼저 본인의 처남에게 기술을 배우고, 남편이 아내의 오빠로부터 기술을 전수받은 것이다. 한때 일가친척이 무려 여섯 곳에서 가게를 운영할 정도로 만두 명가로서의 기개를 떨쳤지만 '원천기술자'를 비롯해 작고한 분들이 생기면서 지금은 일미만두와 양정동의 칼국숫집만이 남았다. 명배우이자 명감독인 클린트 이스트우드를 닮은 남편은 원래 사업체를 운영했지만 사람 쓰는 일이 어려워 가족 사업으로 방향을 틀었다.

주문한 만두를 두 손에 받아들기까지 생각보다 오래 걸렸다. 주말 오전, 포장 손님들이 면면히 이어진 데다 많이 만들어두지 않는, 어찌 보면 많이 만들어둘 수 없는 환경 때문이다. 바쁜 주말이면 명지동에 사는 딸이 손을 보태기는 하지만 대량 생산과는 거리가 멀다. 덕분에 손님들은 갓 쪄낸 만두를 맛볼 확률이 높다. 대부분의 음식이 그렇지만 막 조리를 끝낸 만두야말로 치명적이라는 것을 우리 모두 알고 있다.

모든 종류의 만두를 사랑하는 심각한 '만두 귀신'이지만 굳이 줄을 세우자면 찐만두, 군만두, 물만두 순이다. 군만두는 인상파 화가들도 흉내 낼 수 없는 노르스름한 빛깔로 시선을 강탈하고, 물만두는 물기를 머금은 촉촉함으로 윗입술과 아랫입술에 보습 효과를 남기지만 찐만두는 이미 완성되기 전부터 보는 이의 애간장을 녹인다. 왜냐고? 찜통에서 격렬하게 피어오른 김이 묽은 안개가 퍼지듯 주변을 잠식해가는, 그 수묵담채화 같은 풍경이라니.

여덟 가지의 메뉴를 갖춘 일미만두에는 어엿한 공유 시스

템이 존재한다. 김치, 당면, 두부, 돼지고기 등 열다섯 가지 재료(양념 포함)로 이뤄지는 만두소는 찐만두, 군만두, 만둣국 만두에 똑같이 들어간다. 만두피는 군만두와 만둣국 만두가 동일하다. 풀어지는 것을 방지하기 위해 찐만두보다 조금 더 쫀쫀하게 만든단다. 직접 쑨 팥은 찐빵과 팥빙수에서 공히 활약 중이다. 그리고 칼국수와 만둣국과 만두칼국수의 밑 국물이 다를리 없을 것이다. 예전에는 만두백반도 있었는데, 밥까지 지어야 하니 너무 힘들어 없앴다고 한다.

찜솥에서 막 꺼낸, 열기를 한껏 품은 만두를 한 입 베어 물었다. 고소한 기름이 쭉 퍼지고 이내 만두소가 쏟아졌다.
"아버지, 만두에 돼지기름 넣으세요?"
"살짝 들어가요."
예전 만두 모양, 예전 만두 맛이다. 하긴 가게 앞에 놓인 솥과 진열장, 가게 내부에 배치된 어리숙한 테이블 네 개, 그리고 가게의 역사와 궤를 같이한 만두 빚는 탁자까지 업장 안팎에 시간의 더께가 잔뜩 내려앉았다.

군만두는 한 번 찐 만두를 즉석에서 구워준다. 내 입에는 짭조름해서 굳이 간장의 도움을 받을 필요가 없다. 적당히 달달한 찐빵은 반으로 쪼개면 입속에 무리 없이 안착한다. 힘에 부

네 그릇

235

쳐 한때 생산을 중단했지만 찐빵 맛을 기억하는 사람들의 성화에 못 이겨 부활한 메뉴다. 두 번째 방문해서 처음으로 먹은 콩국수도 꽤 좋았다. 약간 걸쭉한 국물에 넓적한 면이 몸을 풀고 있는데, 국물은 상큼하게 고소하고 심지가 굳은 면발은 씹는 즐거움을 안겨준다. 농익은 깍두기를 곁들이면 비단 위에 꽃을 더한 격.

콩국수와 함께 계절 메뉴 쌍두마차인 팥빙수도 빼놓을 수 없다. 우선 단순하고 튼튼하게 생긴 녹색 기계에 눈길이 머문다. 40여 년 전 금액으로는 상당히 큰 20만 원을 주고 구입한, 모터가 달린 최초의 팥빙수 기계다. 뒷방에 처박혀 세월만 죽이고 있는 퇴물 신세가 아니라 여전히 그라운드를 누비는 맹렬한 현역이다.

아버지가 냉장고에서 커다란 각 얼음을 꺼내 기계에 올린다. 코드를 꽂고 스위치를 올리니 드르륵 드르륵 얼음덩이가 깎이고, 얼음 가루가 그릇 위로 쏟아진다. 그 위에 수제 팥을 올리고 연유를 붓고 다시 얼음을 갈아 쌓는다. 칵테일 과일을 올리고 우유를 부은 다음, 또다시 얼음을 갈아 쌓는 것으로 마무리. 어떤 이들은 일미만두의 팥빙수를 바라보며 헛웃음을 지을지 모른다. 온갖 고명으로 치장한, 화려하기 짝이 없는 요즘 빙수에 견줘 지나치게 소박하기 때문이다. 그런데, 나는 이 고졸

한 풍모가 사랑스럽다. 솔직하고 담백한 사람 같다. '뺄셈의 팥
빙수'는 어수룩한 내 입맛에도 아주 잘 맞는다.

오랫동안 명맥을 유지한 식당들의 공통점이기는 하지만 일
미만두에도 맛은 물론이고 켜켜이 쌓인 추억을 안고 다시 찾아
오는 손님들이 많다. 처음에는 혼자 드나들다 세월이 흘러 자
식과 손주를 이끌고 삼대三代가 나란히 입장해 부부가 흐뭇하
게 지켜본 적도 있다. 이어지는 어머니의 증언.

"개업 초기에는 만두 한 접시에 500원이었어요. 학생들에
게는 그것도 큰돈이었지. 얼마나 먹고 싶었으면 전과全科 구입
할 돈을 꿍쳐 만두 사 먹은 학생도 있었다니까요."

몇 달 전 일요일 점심 무렵 재차 방문했을 때는 더운 날씨
에도 스트라이프 긴팔 남방을 차려입고 포마드를 바른 듯 머리
카락을 정갈하게 빗어 넘긴 멋쟁이 할아버지가 늘 주문하는 만
두칼국수 한 그릇을 마파람에 게 눈 감추듯 뚝딱 해치우는 모
습도 볼 수 있었다. 어르신은 1945년에 아버지의 손을 잡고 고
향인 평안도를 떠나 남쪽으로 내려왔다고 한다. 당시 그의 나
이 겨우 두 살이었다.

찐만두를 먹고, 군만두를 먹고, 콩국수를 먹고, 다시 찐만두
를 추가 주문해서 먹는 동안에도 아버지와 어머니는 만두 빚고

만두 찌는 손을 멈추지 않았다. 수십 년간 감당해온 생계의 방편이자 숭고한 루틴. 그 고단함의 100분의 1도 짐작할 수 없지만, 짐작할 수 없어 송구하지만, 오래된 가게에 앉아 노부부의 얼굴을 바라보며 만두 한 알을 깨물면 그냥 마음이 뜨뜻해진다. 무슨 미사여구가 필요할까. 앞으로 일미만두의 만두와 찐빵을 얼마나 더 맛볼 수 있을지 모르지만 두 분의 시간과 공간에 아주 잠깐 머문 것만으로도 감사한 일이 아닐 수 없다.

MEMO

주소 / 부산시 동래구 명안로85번길 41
전화번호 / 051-526-0169
영업시간 / 쉬는 날 없음.
메뉴 / 만두 4000원, 찐빵 4000원, 군만두 4000원, 팥빙수 4000원, 냉콩칼국수 5000원, 만둣국 5000원, 만두칼국수 5000원, 칼국수 4000원

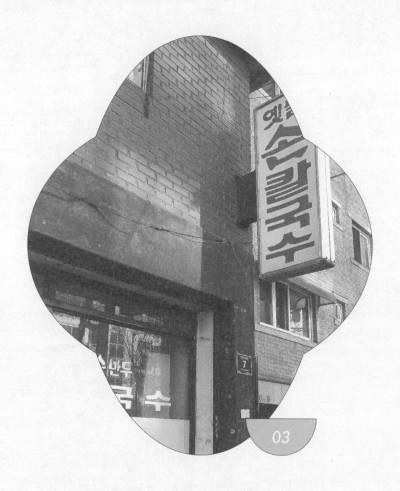

03

사라진 만두

서울시 양천구 신정동
옛날손칼국수

"사장님, 이제 만두는 안 하세요?"

"네, 만들 사람이 없어요."

'아' 하는 탄식과 아쉬움을 속으로 삼켰다. 사실 식당에 들어서면서부터 이미 눈치채고 있었다. 메뉴판에 가려진 두 줄이 만두와 만둣국임을 알아차렸기 때문이다. 가리지 않은, 살아남은 메뉴 두 가지는 손칼국수와 수제비. 흠, 어느 쪽을 낙점하지? 아주 짧은 실존적 고민을 털어내고 공손하게 문의했다. 우리에게는 이렇게나 아름다운 '섞음'(혹은 '짬뽕' 혹은 '반반') 문화가 있다.

"혹시 칼제비…가 됩니까?"

"네, 됩니다."

'아' 하는 기쁨의 탄성을 역시 속으로 삼켰다.

옛날손칼국수는 밀레니엄 버그(컴퓨터가 2000년 이후의 연도를 인식하지 못해 발생하는 오류)에 대한 두려움이 차오르던 시기인 1999년 첫발을 뗐다. 당시 어머니의 나이 67세, 어머니를 따라 장사에 뛰어든 막내딸(어머니에게는 네 명의 딸과 한 명의 아들이 있다)은 29세였다. 지난해 3월까지 주방을 사수하던 어머니는 더 이상 식당에 나오지 않는다. 아니, 나올 수가 없다. 폐에 혹이 생겨 큰 수술을 받았기 때문이다. 이제 식당 운영의 전권은 오롯이 딸의 몫이 됐다.

"음식은 엄마가 만들었어요. 저는 손님에게 나르기만 했고. 제가 요리까지 해야 하니까 혼자 열심히 연습했어요."

엄마 없이 홀로 모든 것을 감당하려니 만두는 언감생심. 슬쩍 가릴 수밖에 없었다(지금은 메뉴판에서 아예 사라졌다). 영업시간도 대폭 단축. 점심 무렵, 하루 네 시간만 문호를 개방한다.

반찬부터 도열했다. 잘게 썬 배추김치와 싱그러운 열무김치, 다진 고추와 양념간장. 2분 후 주인공인 칼제비가 링에 올랐다. 스테인리스 대접을 가득 채운, 가늘고 짧은 칼국수와 몽실몽실한 수제비. 그리고 잡티 하나 없는 해사한 국물. 국물 속을 유영하는 연둣빛 호박과 희끄무레한 감자. 이 허허로운 칼제비가 나는 예사로워 보이지 않았다. 그렇다고 멀거니 바라보고만 있을 수는 없는 일. 처음에는 젓가락으로 대적하다 나중에는 숟가락으로 장비를 교체하고 무아지경 속에서 퍼 먹었다. 직접 반죽하고 직접 썬 칼국수 면발이 입속을 활보했다.

"어머니는 반죽을 더 얇게 하셨어요. 저는 그렇게까지는 못

하고."

나는 이 말을 딸의 겸양이자 엄마에 대한 딸의 헌사로 이해했다. 동시에 2대 사장인 딸의 '데뷔전'을 그려봤다. 엄마 없이 처음으로 국물을 장만하고 반죽을 개고 반죽을 썰고 면을 삶고 한 그릇을 완성해서, 엄마의 단골손님에게 가져갈 때 얼마나 긴장되고 얼마나 떨렸을까.

자, 다시 나의 예사롭지 않은 칼제비로 복귀하자.

두 가지 측면이 마음을 파고들었다. 먼저 파고든 것은, 밀가루 냄새의 등에 올라타서 훅 들어온 콩가루 냄새. 아니나 다를까 밀가루에 콩가루를 섞어 반죽했단다.

내가 알은체를 했다.

"이게 주로 안동 같은 경북 지방에서 먹는 방식인데요."

"저희 고향에서도 이렇게 해서 먹어요."

어머니의 고향은 충북 음성군. 하긴 음성군은 동남쪽으로 충남 괴산군과 맞닿아 있고, 그 옆으로 경북 문경시·예천군·안동시가 이어진다. 지리적으로 얼마든지 '콩가루 칼국수'가 교통할 만한 거리다. 얼마 전 재차 검증할 기회도 있었다. 음성군 금왕읍 봉곡리에 위치한 24년 업력의 다부네칼국수에서 이 집의 유일한 메뉴인 칼국수를 먹는데 역시 날콩 냄새가 났다. 끊임없이 홀과 주방을 오가던 어머니가 "음성에서는 옛날부터 콩가루 넣어 먹었어. 소화도 잘되고 아주 좋아"라며 확인증을 발급해주었다.

두 번째는 국물의 뉘앙스. 간기라고는 찾아볼 수 없는, 심심하고 심심해서 극적 전개가 없는 국물. 눈에는 보이지만 움켜쥘 수 없는 안개 같은 국물. 해산물이나 고기의 그림자가 얼씬거리지 않는 담담한 국물.

"감자를 많이 넣어 만든 국물이에요. 별로 들어가는 게 없어요."

별로 들어간 것 없는 이 국물이 내게는 너무나 매력적이었다. 사람마다 입맛이 다르니 당연히 '나는 좋아요'와 '나는 싫어요' 따위로 갈래가 나뉘겠지만 서울에서 좀체 만나기 힘든 향과 맛의 칼국수 국물임에는 틀림없다.

칼제비를 어느 정도 먹다 배추김치를 고명처럼 얹고, 다진 고추도 훌뿌리고, 양념간장도 끼얹었다. 어젯밤 과음으로 속이 시끄러웠는데, 온몸의 땀구멍이 열리면서 아득했던 정신이 수습됐다. 하지만 아무것도 넣지 말기를 권한다. 국물이 어떻게 변하는지 목도해야 라디오에서 한 마디라도 늘려 말할 수 있는 나는 어쩔 수 없이 그랬다지만 이 허허실실의 국물은 그 자체로 존재의 이유가 충분하다. 이 결이 고운 국물은 외부의 침입

을 받는 순간, 개성이 함몰되고 아물지 않는 상흔이 남게 된다.

식당 홀에는 테이블이 4개 있다. 내가 나의 칼제비를 기다릴 때 바로 옆 테이블의 어르신 네 분은 막 식사를 종료한 상태였다. 한쪽에 셀프서비스용 믹스커피가 비치돼 있지만 그분들에게 일일이 커피를 타주는 대물림 사장의 자세가 엽엽했다. 나보다 늦게 들어와 방에 있는 테이블에 자리 잡은 중년 남자는 단골인 듯 "양 많이 말고 적당히 주세요"라는 조건을 달았다. 나와 비슷한 시각에 식당 체크인을 마친 멋쟁이 할아버지는 내 바로 앞 테이블에 좌정했다. 회색 모자, 은회색 머리칼, 연회색과 남색이 섞인 목도리, 검회색 카디건. 신사의 품격이 느껴지는 차림이었다. 그의 등을 바라보며 나는 어떤 등으로 늙게 될 것인가를 잠시 상상했다.

"여기 식대요. 아, 편찮으셔서 어머니 안 나오시는구나."

1대 사장을 겪었음이 분명한 할아버지는 2대 사장과 긴 대화를 나누지는 않았지만 그 짧은 문장이 긴 문장보다 오히려 더 많은 것을 말하고 있는 것처럼 느껴졌다. 칼국수와 수제비를 여러 번 끓여주었을 노老 주인장의 몸 상태에 대한 걱정, 안녕을 바라는 마음, 다시 볼 수 없을지도 모른다는 막막함, 떠나보낼 것보다 떠나보낸 것이 더 많은 인생 마지막 즈음의 헛헛함 등이 포괄돼 있다고 나는 생각했다. 한 번도 뵌 적 없는 나도 이렇게나 궁금한데, 그는 얼마나 더할까. 나나 할아버지에게 어머니의 만두를 맛볼 수 있는 날이 찾아올까?

MEMO

주소 / 서울시 양천구 목동로19길 7
영업시간 / 오전 11시부터 오후 3시까지. 일요일 휴무.
메뉴 / 손칼국수 6000원, 수제비 6000원, 소주 3000원

04

마지막 잎새

제주도 제주시 용담1동
삼복당제과

테이블 겨우 한 개, 의자 겨우 두 개. 노루 꼬리만 한 동네 빵집이다. 살림살이는 홋홋하지만 세월의 무게는 결코 가볍지가 않다. 1974년에 생겼으니 '영업일수'가 반세기에 육박한다. 한 번도 자리를 이탈한 적이 없다. 서울에서 구입해 배편에 부쳤던 진열대의 나이도 서른을 훌쩍 넘겼다.

빵집과 한 몸인 78세의 아내와 82세의 남편은 아침 6시면 일터에 도착한다. 빵집 문은 오전 10시부터 열리지만 출근해서 빵이 나오기까지 4시간 정도 걸리기 때문이다. 빵에 들어가는 팥소도 직접 만든다. 사전 단체 주문을 받은 경우에는 더 일찍 나온다. 아침 식사도 종종 매장에서 해결. 명절 빼고 쉬는 날이 거의 없다.

주민들에게는 익숙하지만 처음 찾은 외지인이나 관광객은 가격을 보고 눈이 휘둥그레진다. 종류를 막론하고 개당 500원. 7개 1000원(개당 150원) → 4개 1000원(이때도 찐빵과 꽈배기는 7개 1000원) → 개당 400원 → 4년 반 전 개당 500원으로 인상. 빵 한 개당 가격을 따지면 46년 동안 150원에서 500원으로, 350원 오른 셈이다. 삼복당제과의 믿기지 않는 가격 변천사다.

"어머니, 어떻게 이렇게까지 저렴해요?"

"재료가 남아 버리는 법이 없어요. 그날 만들어 그날 팔 분량만큼만 준비해요. 빵에 너무 많은 걸 넣지 않아요. 그러면 오래가기는 하지. 우리 빵은 이틀까지는 괜찮아요."

부부는 '티끌'을 모아 자식 넷(딸 셋, 아들 하나)을 공부시키고 출가시켰다. 착실하게 성장한 장성한 자식들이 노부부의 새벽 가르는 일을 안쓰러워하는 것은 당연지사.

"못 하게 하죠. 근데, 늙은이 둘이 집에서 뭘 하겠어요?"

빵의 가짓수는 숫자 7에서 멈춘다. 잼빵, 단팥빵, 멜론빵, 크림빵, 소보로빵, 팥도넛, 꽈배기도넛. 음료수? 일절 없다. 베이커리 카페가 아니다. 스무 살 때부터 서귀포 소재 제과점에서 일한 경험이 있는 어머니의 설명.

"예전에는 카스텔라, 찐빵, 케이크 등 종류가 훨씬 많았어요. 내가 제주에서 카스텔라를 처음 시작했잖아요. 지금은 힘에 부쳐 종류가 줄었지만."

요즘 유행하는 말로 '플렉스'라고 하나? 나는 호기롭게 외쳤다.

"빵 종류별로 하나씩 다 주세요."

그래봤자 3500원이다. 감지덕지다.

"어머니, 먹고 가도 돼요?"

둘이서 삼복당제과의 테이블과 의자를 독차지했다(앞서 말했지만 테이블 하나, 의자 두 개가 전부다). 조촐해서 아름다운, 아름답게 조촐한 빵들을 아낌없이 먹어치웠다. 이곳에서 반죽의 배합이 어쩌고저쩌고, 숙성 시간이 어쩌고저쩌고 따위의 말들은 공허하기 짝이 없다. 따따부따도 장소를 가려서 해야 한다.

"물이라도 줄까요?"

어머니의 세심함은 여기서 끝이 아니다.

"꽈배기는 즉석에서 설탕을 묻혀요. 미리 뿌리면 보기에는 좋을지 몰라도 설탕이 녹아 찐득찐득해져요."

방금 나왔다며 이미 계산을 치른 소보로빵과 단팥빵을 바꿔주기까지 했다. 괜찮다고 몇 번이나 말씀드렸는데도.

삼복당제과의 역사는 언제까지 계속될까. 어머니가 다시 한번 반추하는 지난날.

"예전에는 빵집 밖에까지 물건을 진열할 만큼 인기가 엄청 많았어요. 특히 시험 때가 되면 찹쌀떡 사려는 사람들로 장사진을 쳤지."

어머니는 누구라도 가게를 이었으면 하는 바람을 갖고 있다. 그렇다고 무작정 자식들 보고 대를 이으라고 할 수는 없다. 각자의 사정이 있는 법.

"기술 가르쳐준다고 해도 하려는 사람이 없어요. 자본금도 많이 들지 않는데…"

마지막 잎새도 언젠가, 결국 떨어지겠지.

"이제 제주에 이런 빵집 없어요."

어머니의 온화한 웃음 뒤에 웅크리고 있는 헛헛함이 손에 잡힐 것만 같다.

MEMO

주소 / 제주도 제주시 용담1동 135-15

전화번호 / 064-752-2475

영업시간 / 오전 10시부터 오후 3~4시까지.

메뉴 / 잼빵 · 단팥빵 · 멜론빵 · 크림빵 · 소보로빵 · 팥도넛 · 꽈배기도넛 각 500원

05

우리 집에 온 사람은
얼마든지 더 먹어도 돼

충청남도 공주시 중학동
할매보리밥집

할매보리밥집(등록명은 '할머니보리밥집', 간판엔 '할매보리밥집')
은 본디 하숙집이었다.

충남 서산시 해미면 출생인 올해 78세 어머니의 회상.

"1986년부터 하숙을 쳤어요. 방은 11개. 전부 공주고등학
교 학생이었지. 충청남도 각 지역에서 올라온. 가장 많을 때는
15명이 하숙해서 아침밥, 점심 도시락, 저녁밥까지 하루 45인
분의 음식을 준비했어요. 새벽 5시에 일어나 밥부터 짓기 시작
했지. 저녁에는 학생 따라 선생님들이 오시기도 했고. 소풍이
라도 가면 김밥 50줄을 쌌고, 매일같이 산더미처럼 쌓인 빨랫
감은 세탁기가 없어 일일이 손세탁했어요."

시간이 흘러 학생이 점점 줄어들었고, 하숙집 전성시대도
막을 내렸다.

2003년 식당으로 전환한 이후에도 어머니의 일복은 착 들
러붙어 떠날 줄을 몰랐다. 내가 할매보리밥집을 찾은 전날만
해도 무려 400포기의 김장을 담갔는데, 그중 100포기는 김장
이튿날 오전 서울행 차량에 올랐다. 김치 맛있다고 소문이 퍼

져 멀리서부터 주문이 들어온 것이다. 할매보리밥집의 '공식' 오픈 시간은 오전 11시. 영업시간이 짧은 데다 동네와 인근 주민들의 지지가 원체 견고해 혹시 자리를 못 잡을까 싶어 15분 정도 일찍 도착했다. 여느 때 같으면 손님을 안으로 들였겠지만 "11시에 다시 오실래요?"라고 어머니가 미안하며 말한 것도 어제 벌어진 '김치 전쟁'의 잔해를 아직 말끔하게 치우지 못한 탓이었다. 충남 공주시 출생인 올해 81세 아버지는 우체국 택배에 김치 100포기를 맡기려고 집을 비운 상태였다.

식당 근처 골목에서 하릴없이 시간을 죽이는데 하, 그놈의 시간이 너무 더디 흐른다. 일각이 여삼추, 휴대폰을 보고 또 보고, 발만 동동. '세상에서 가장 긴 15분'을 아등바등 버티고 11시 정각 입장. 신발을 벗고 노부부의 살림집이자 식당에 털썩 주저앉았다. 꼭 외할머니 집에 놀러 온 것 같았다. "두 명입니다." 보리밥만 취급하니 긴말할 것 없이 머릿수만 이야기하면 된다.

순식간에 차려진 밥상. 스테인리스 대접에 담긴 보리밥은 언뜻 봐도 공깃밥 두 그릇 분량이다. 내 보리밥과 지인의 보리밥 사이에 옹기종기 모인 여덟 가지의 반찬들. 꿀을 바른 듯 윤기가 반지르르하다. 처음부터 밥과 혼연일체로 비비는 건 귀한 반찬들의 독립성을 밑동부터 허물어뜨리는 일 같아 일일이 따

로 맛을 보았다.

김치만 두 종류다. 어제 담근 김치는 풋풋하고 항암배추로 담근 묵은지는 짜르르하다. 민들레와 갓을 섞어 무친 요리는 양념의 외피를 걸쳤지만 본래의 쌉싸래함이 당당하게 어깨를 펴고 있다. 무생채와 콩나물, 고추조림과 고추절임, 무말랭이장 아찌에 이르기까지 어쩜 이렇게 다 맛있을까. 전반적으로 간이 점잖아 푹푹 퍼서 먹어도 별 부담이 없다. 멸치 대가리를 떼고 배를 갈라 넣은 된장국은 또 호탕하다. 국과 반찬들이 휘모리 장단처럼 몰아치니 찹쌀이 가미된 보리밥이 가뭇없이 사라졌다. 어머니의 보리밥을 맞이하기까지 각고의 인내심이 요구됐지만 인고의 열매는 다디달았다.

상을 차려준 어머니와 택배를 부치고 돌아온 아버지는 아직 손님이 들이닥치지 않아서 그런지 밥을 먹는 내내 내 옆에 찰싹 붙어 더 먹으라고 채근 아닌 채근을 했다. 안 그러셔도 많이 먹는데….

어머니, "밥에 고추 절인 간장만 조금 넣어 비벼 먹어도 맛있어."

아버지, "반찬 중에 콩나물만 사오고 나머지는 다 직접 재배한 것들이야. 콩나물은 지하수로 키워야 맛이 좋아서."

아버지는 배추, 무, 고추 등의 채소는 물론이고 벼농사도 짓는다.

어머니, "비벼야지. 고추장에다 직접 짠 들기름 넣고."

아버지, "(보리숭늉을 가리키며) 찬물 먹지 마. 난 여름 밭에서도 따뜻한 물 마셔. 아침에 일어나 따뜻한 물 마시는 게 가장 중요해."

어머니 "우리 집은 미원 안 넣어."

아버지, "농약 안 쳐, 화학비료도 안 써. 남은 음식물 썩혀 거름으로 사용하지. 요즘 사람들 건강하지 않은 음식을 너무 많이 먹어 걱정이야. 나는 아픈 데가 전혀 없어."

사실 아버지의 농사 경력이 오래된 것은 아니다. 4년 남짓. 사우디아라비아에서 10년간 근무하는 등 주로 석유화학 계통에 종사했다.

어머니와 아버지의 '랩 배틀' 속에서 내 숟가락과 젓가락도 덩달아 춤을 췄다. 밥과 반찬을 따로 먹고, 밥과 반찬을 비벼 먹고. 먹고 또 먹고. 밥그릇을 무려 세 번이나 비웠다. 일반적인 식당 공깃밥으로 가늠하자면 여섯 공기쯤 될 거다. 뱃가죽은 빵빵해졌지만 배 속은 생수를 마신 것처럼 일말의 부대낌도 없었다.

두 분의 이야기보따리 속에는 당연히 '라떼는 말이야' 에피

소드가 다수 포함돼 있다. 다시 등장한 어머니의 회상 장면.

"한때 울산에 산 적이 있었는데 한 달에 한 번꼴로 공주에 다녀갔어요. 시가에 형제가 많으니 집안 대소사가 끊이질 않았거든. 요즘처럼 교통이 편리한 시절이 아니었지. 버스만 여섯 번을 탔다니까요."

다소 복잡한 집안 사정이 있지만 어쨌든 남편은 12남매의 맏아들이다. 맏며느리에게 지워진 생활의 무게는 얼마나 지독했을까. 감히 짐작조차 할 수 없다. 어머니는 아들만 셋을 낳았는데, 큰며느리가 세상을 일찍 등진 크나큰 아픔을 겪으면서 손자 둘을 본인이 맡아 길렀다. 그래도 큰 탈 없이 잘 자라 두 명 모두 서울에서 학교를 졸업하고 직장도 얻었다고 한다.

음식과 이야기의 향연이 갈무리되자 보리밥 한 상 차림의 가격이 1인당 5000원이란 사실이 새삼스러웠다. 내가 너무 저렴하다며 오지랖을 펴자 어머니는 "개업 초기 2500원이었는데, 지금의 5000원이 될 때까지 손님들이 올려줬어요"라며 겸연쩍어 했다. 싱둥싱둥한 재료들을 씨줄 삼고 어머니의 정성을 날줄 삼아 탄생한 쫀쫀한 비단 같은 밥상. 더구나 밥 추가도 무료이니 한 번이라도 먹어본 사람이라면 값이 헐하다는 의견에

동조할 것이다.

어떻게 하면 표가 나지 않게, 다만 얼마라도 더 드리고 나올까 머리도 굴리고 눈알도 굴리고 있는데, 농사일로 얼굴이 새카매진 아버지가 은은한 종소리처럼 말씀하신다.

"우리 집에 온 사람들은 얼마든지 밥 더 먹어도 돼."

나는, 지폐 몇 장을 더 꺼내려던 오른손을 다시 주머니에 찔러 넣었다.

MEMO

주소 / 충청남도 공주시 충렬탑길 6-1
전화번호 / 041-855-0399
영업시간 / 점심때만 문을 연다. 대략 오전 11시부터 오후 2시까지. 주말 휴무.
메뉴 / 보리밥 5000원

06

천 원 떡볶이가
걸어온 길

경기도 광명시 철산동
할머니떡볶이

다음 총합을 계산하시오.

떡볶이 2인분+(튀김)만두 4개+김말이(튀김) 3개+떡꼬치 2개+핫도그 2개+어묵 2개의 값

정답은?

.

.

.

5200원.

어떻게 이런 총계가 가능할까? 세부 내역을 살펴보자.

떡볶이 1인분 1000원, 만두 1개 200원, 김말이 3개 1000원, 떡꼬치 1개 200원, 핫도그 1개 300원, (꼬치)어묵 1개 200원. 참고로 겨울 메뉴인 호떡 역시 3개 1000원.

20세기 후반 가격이 아니다. 2019년 9월 5일 낮 12시 50분경 내 두 눈으로 직접 확인한 가격이다. 처음 와본 손님은 "세상에, 이 가격 실화?"라며 놀라고, 아주 오랜만에 와본 손님은 "세상에, 가격이 아직 그대로네요!"라며 놀라고, 자주 오는 손님은 "아이고, 가격 좀 올리세요"라며 안타까워한다.

　더 안타까운 일은 언젠가부터 할머니떡볶이의 빗장이 굳게 잠겨 있다는 사실이다. 정확한 이유는 알 수 없지만 '주인아주머니가 편찮으신 것 같다'는 추측이 퍼졌고, '더 이상 영업이 어려워 보인다'는 비관론도 등장했다. 영업 재개 여부가 불투명한, 어쩌면 긴 항해에 최종 마침표를 찍었을지도 모르는 식당을 기어이 지상紙上에 모신 이유는 할머니떡볶이가 '혜자스러운 떡볶이' '가성비 맛집' 따위의 가격 일변도로 기억되는 게 싫어서다. 특히 '가성비'는 너무 즉물적이고 아주 차갑고 대단히 고약한 표현이라고 나는 생각한다. 40여 년을 우리 곁에 머문 소중한 공간이 '1000원짜리 한 장이면 떡볶이 먹을 수 있는, 가성비 쩌는 곳'으로만 추억되는 건 좀 서글프지 않은가.

　1000원 떡볶이의 시작은 100원이었다. 연도는 1981년. 분식집 어머니에게는 두 살 터울의 아들 둘이 있는데, 첫째가 다섯 살일 때 당시 살던 집(지금 가게에서 지척) 앞에서 천막을 치고 떡볶이를 팔기 시작했다.

　"그땐 어디 놀이방 같은 게 있었나요. 아이들이 순하고 형제끼리 잘 놀아서 장사가 가능했지. 친정엄마는 언니의 장사를 돕느라, 시어머니는 연세가 많아 나한테까지 신경 쓸 수 있는 상황이 아니었어요."

아이들을 돌봐줄 사람도 없는, 외식업에 대한 노하우를 귀
띔해줄 사람도 없는, 요리 비전秘傳을 전수해줄 사람도 없는, 다
시 말해 스스로 길을 내야만 하는 환경. 어머니는 음식 재료 도
매상들에게 물어물어 메뉴를 완성해갔다.

"장사 초기 떡볶이 가격이 100원이었지. 20kg짜리 밀떡
볶이를 3500원에 구입했었는데, 지금(2019년)은 2만 3000원
이에요. 작년(2018년)인가 재작년(2017년)까지 떡볶이 1인분이
500원. 그래서 그런가, 아직도 떡볶이 500원어치를 찾는 사람
들이 있다니까."

어머니 말을 종합하면 사람이 태어나 불혹에 가까운 나이
가 되는 동안 떡볶이 값은 애개, 겨우, 고작 900원 오른 셈이다.
그마저도 최근 수년 사이 두 배로 뛰어 가까스로 네 자릿수가
됐다.

천막 장사 시절을 거쳐 지금의 건물로 들어선 해는 2000년.
"큰아들이 대입 시험 치고 난 후부터 과외를 시작했어요.
그때부터 집에 꼬박꼬박 돈을 보탰지. 지금 살림집(가게 건물 지
하)과 가게도 첫째가 마련해줬어요."

외국계 회사 중간 간부로 일한다는 아들, 자랑하실 만하다.

누구나 다 알 듯이 모든 일에는 흥망성쇠가 있다. 내가 갔을 때 할머니떡볶이는 흥興이나 성盛과는 거리가 있어 보였다. 이따금 찾아드는 손님, 확연히 느낄 수 있는 나른한 기운, 어쩐지 맥없는 웃음을 띠는 어머니. 어머니의 '진술'도 쇠衰의 계절을 통과하고 있음을 증명했다.

"장사 안 돼요. 아이들이 없는데, 뭘. 인근 초등학교 한 학년이 예전에는 17반까지 있었어요. 그것도 오전·오후반으로 나뉘어서. 지금은 6개 반밖에 없어요. 요즘 손님? 예전 학창 시절 추억을 안고 다시 오는 사람들이지."

어머니는 '쇠' 다음 이어질 페이지도 이미 다 읽은 듯했다.

"동네가 재개발 예정이에요. 그때 되면 여기도 별수 없겠지. 그냥 두겠어요?"

1900원짜리 떡볶이가 나왔다. 정밀하게 읊자면 한 그릇에 떡볶이 1인분과 만두 2개와 김말이 1.5개를 담았다. 구체적인 숫자를 들어 보이면 떡볶이 1인분 1000원+만두 2개 400원+김말이 1.5개 500원=1900원이다. 두 명에서 김말이 3개를 주문했는데, 어머니가 각자의 그릇에 1개 반씩 넣어주는 센스를 발휘했다.

국물이 많은 어머니의 떡볶이는 내 입에는 달고 짜다. 하등 중요하지 않다. 내 입맛이 '표준'도 아니고, 애당초 '표준 입맛'이라는 게 있을 수도 없고, 세상 간사하고 표변을 일삼는 것이 나의 혀이고 당신의 혀다. 떡볶이의 양은 섭섭하지 않고, 떡볶이의 떡은 매우 쫄깃하다. 떡볶이의 쫄깃함이 쌀떡의 고유 영역이라는 편견은 폐기하시길. 만두의 외피는 딱딱하고, 씹으면 듬성한 당면의 가닥들이 쏟아진다. 크게 중요하지 않다. 내가 경험한 분식집의 튀김만두는 대개 이랬다.

나는 유독 다음 장면이 좋았다. 어머니가 떡꼬치와 핫도그를 접시 없이 손에 들고 가져다준 순간. 그때 나는 초등학교, 아니지 국민학교 앞 분식 리어카를 떠올렸던 것 같다. 떡볶이 접시는 일회용 비닐에 싸이지 않았고, 핫도그의 두꺼운 반죽을 뚫고 만난 소시지는 허망하기 짝이 없었으며, 떡꼬치는 세상의 빛을 보기 전이었던 것 같다. 어쨌든 예나 지금이나 가장 핵심적인 질문은 "(핫도그에) 케첩 뿌려줄까?" 아닐까.

앞선 퀴즈 정답 5200원은 나와 지인이 배불리 먹고 계산해야 하는 금액이었다. 그런데, 하마터면 1000원을 덜 낼 뻔했다. 왜냐고? 어머니가 4200원으로 셈했기 때문이다.

"머리가 꼴통이 됐어. 손님들이 얼마인지 계산해서 알려준

다니까."

　오래된 식당은 오래된 단골의 식당이기도 하다. 오래 일한 주인과 오래 드나든 단골이 함께 만들어가는 부분이 분명히 있다. 할머니떡볶이에서 단골이 차지하는 '지분'도 적지 않다. 다양한 색을 동원한 메뉴판도, 벽에 부착된 애틋한 글귀(할머니는 재료를 아끼지 않습니다, 할머니는 계량컵을 사용하지 않습니다, 할머니는 손끝에서 사랑을 베풉니다)도, 출입문에 쓰인 앙증맞은 글씨체의 영업시간 고지 등도 단골들의 자발적인 작품이다. 눈곱만큼의 가격 인상도 단골들이 밀어붙인 결과물이겠지. 철산동의 높은 지대에 걸터앉은, 선산을 지키는 굽은 소나무 같은 할머니떡볶이가 정말로 사라지면 여러 사람의 마음에 바람구멍이 생길 것이다.

　내가 어머니와 마지막으로 주고받은 문답은 아래와 같다.
　"그런 시간을 건너오셨군요."
　"예전엔 다 어려웠지, 뭐."

할머니의 맛있는 약속

할머니는 재료를 아끼지 않습니다.
자라날 아이들의 바른 영양을 위해
재료를 아끼지 않습니다.

할머니는 계량컵을 사용하지 않습니다.
30년 세월이 만들어낸 손저울을 통해
늘 한결같은 맛을 만듭니다.

할머니는 손끝에서 사랑을 배웁니다.
내 자식이 먹는 것 같은 마음으로
정성을 더해 만듭니다

07

여기가 아파서
안 되겠더라고

서울시 종로구 원남동
청솔

"8월까지만 해."

아, 만나자마자 이별이구나. 그러니까 34년간 이어온 어머니의 식당 여정의 끝에서 나는 시작하는구나. 폐업을 두 달여 앞둔 시점, 나는 여기를 왜 이제야 온 걸까. 나는 잠깐 아득했고 금방 정돈했다. 어떻게든 어머니의 지난날을 기억하고 기록해야겠구나. 그 어느 때보다 정신을 곧추세우고 귀를 활짝 열었다.

─────── 어머니의 콩국수와 콩비지
: 2020년 6월 2일 화요일 PM 1:38

청솔에 처음 발을 디딘 날이다. 사실 일주일 전에도 찾아갔다. 오후 2시에 장사가 끝난다는 정보를 알고 있던 터라 조마조마한 심정으로 오후 1시 40분쯤 도착. 슬픈 예감은 늘 적중한다. "오늘 끝났는데"라는 어머니의 말씀에 나는 군말 없이 물러섰다. 인간은 어리석고 같은 실수를 반복한다. 일주일 후에도 비슷한 시간대에 방문한 것. 어머니는 이번에도 난색을 표

네 그릇

했는데, 어지간히 먹고 싶어 하는 내 표정을 긍휼히 여겼는지
끝내 품어주셨다.

"뭐 드실라고?"
나는 군기가 바짝 든 이등병처럼 외쳤다.
"콩비지든 콩국수든 아무거나 좋습니다."

어머니의 콩국수를 맛본다. 콩과 땅콩을 갈아 만든 국물에
오이채를 올리고 다시마가루를 뿌려준다. 간이 안 돼 있지만
나는 소금을 타지 않았다. 칠정이 다 사라진 듯한 평안하고 굴
곡 없는 콩물. 아니, 소면은 뭘 이렇게나 많이 주시나. 무려 네
덩이다. 한 덩이는 이미 잠영 중이고, 나머지 세 덩이는 채반에
서 다이빙 준비 중. "점심에 이 정도는 먹어야지." 어머니의 말
씀이 호호탕탕하다. 아니, 국수 한 그릇 먹는데 반찬은 또 뭘 이
렇게나 많이 주시나. 무생채, 오이무침. 열무김치, 양파장아찌,
고추장아찌와 고춧잎무침. 반찬 그릇만 다섯 개다. 개인적으로
는 강원도 영월 사는 남동생이 농사지어 보내준 고춧잎에 10
년 묵은 고추장으로 맛을 낸 나물 요리가 하이라이트였다. 어
머니는 "동생이 거주하는 영월의 마을은 소, 돼지도 기르지 않
을 정도로 청정한 지역이야"라고 부연했다. 내가 콩국수를 먹
는 동안 아들이 켜준 것으로 짐작되는 노트북으로 TV 예능 프

로그램을 보며 깔깔 웃는, 내일모레 여든인 어머니의 모습이
천진했다.

열흘 후 또 갔다. 이번에는 콩국수에 콩비지를 더했다. 반찬
가짓수가 급격하게 불어났다. 하나하나 열거하기에도 벅차다.
12가지 반찬에 굵은소금과 양념간장까지 그릇만 14개다. 어머
니의 홀로서기를 추동하고, 어머니의 '식당 3막'을 흔들림 없
이 지켜온 콩비지에는 세상사에 달관한 사람에게서 느낄 수 있
는 평온함이 깃들어 있었다.

어머니는 설렁탕 장사로 시작했다. 주방장은 따로 두었다. 여자였다. 상호는 골목집. 벌이는 시원찮았다.

"손님이라고 해봤자 단골 교수 세 명이 다였지. 식당 근처 정육점에서 고기 끊어다 제대로 만들었지만 사람들이 몰라줬어. 당시 유명하던 종로4가의 설렁탕집도 가봤는데, 미원이나 넣고 하는 그런 설렁탕 나는 못 먹겠더라고."

그렇게 적막하고 한가로운 시간을 보내던 어느 날, 낯선 남자 한 명이 나타났다. 설렁탕 맛있다는 이야기를 듣고 찾아왔다는 남자는 한 그릇을 비운 후 대뜸 어머니에게 잠깐 앉아보기를 권했다.

"제가 의정부에서 설렁탕 장사했던 사람이에요. 3년 반 정도. 돈 많이 벌고 그만뒀지요. 그런데, 이렇게 하시면 돈 못 벌어요. 이 집처럼 진짜배기로 하는 곳 없어요. 워낙 가짜가 많으니까 사람들은 그게 진짜고, 여기 설렁탕을 이상하다고 생각하는 거예요."

두 사람은 의정부에 있는 한 다방에서 만나기로 약속했고, 며칠 뒤 실제로 만났다. 남자는 어머니를 두 곳의 설렁탕집에

데려갔다. 장사가 잘되는 식당들이었는데, 어머니의 눈에는 마뜩하지가 않았다. 뚝배기에 미리 밥과 고기를 담아 놓고 손님이 오면 소면을 추가하고 희부연 국물을 부어 내는 방식. 역시 어머니 입맛에는 맞지 않아 거의 다 남겼다.

"이렇게 해야 장사가 돼요. 소머리 사다가 국물을 뽑되 너무 많이 우리지는 마세요. 통후추를 넣고 끓이면 색깔이 뽀얗게 돼요."

남자의 충고대로 설렁탕을 만들었다. 날개 돋친 듯 팔렸다. 재료비가 줄고 손님이 늘어나니 수입이 껑충 뛰었다. 그러던 또 어느 날.

"여기(가슴)가 아파 도저히 안 되겠더라고(양심의 가책을 느꼈다는 뜻)."

그길로 아는 스님을 찾아가 더는 못하겠다고 말했다. 스님은 어머니에게 여수 출신의 술장사 경험이 있는 여자를 소개했다.

———— 청솔 비긴즈 : 장보기의 진실

스님이 추천한 여자와 함께 새로 식당을 꾸렸다. 동태찌개와 김치찌개 등을 주로 팔았다. 술도 팔고. 식자재 구입은 여자가 담당했다.

"(여자가) 장을 볼 때 항상 7만 원(당시로는 꽤 큰돈)을 가져가서 잔돈 없이 돌아오는 거야. 나는 그러려니 했지. 언젠가 인척 장례식에 간다고 일주일간 자리를 비웠어. 할 수 없이 내가 장을 봤지. 나도 7만 원을 들고 갔어. 그런데, 5만 원이 남더라."

돌아와 이 사실을 알게 된 여자는 식당을 떠났다.

"그 후로 지금껏 혼자 하고 있지. 식당 일이 손이 너무 많이 가고 힘들잖아. 내가 혼자 깔끔하게 할 수 있는 음식이 뭐가 있을까 궁리하다 콩비지가 떠올랐어."

'1인 식당' 초기에는 돼지 등뼈를 넣어 끓였지만 젊은 손님들의 반응이 미적지근했다. 그래서 깔끔하게 콩 위주로 수정했더니 호응이 좋았다.

─────── 에필로그 : 미뤄진 은퇴

콩비지 식당으로 전환한 지도 20년이 훌쩍 넘었다. 어머니는 8월 말일 퇴장을 예고한 상태.

"언젠가부터 몸이 못 받쳐준다는 느낌이 들었어. 그래서 그만두어야겠구나 생각했지. 여름 메뉴인 콩국수 먹이려고 그나마 8월까지 하는 거야."

몸이 고되어 두 해 전부터 영업시간을 하루 세 시간으로 단

축했다. 그전에는 저녁 장사도 했었다.

"서운하지는 않아. 돈은 못 벌었지. 음식 장사 하면 골병들기 일쑤인데 크게 아픈 데 없이 이렇게 지내온 것만으로도 됐어. 지금도 가끔 아들이랑 북한산으로 등산 다녀."

올해 79세인 청솔 어머니는 경남 남해군 출신이다. 부모님도 남해 출신. 한국전쟁 때문에 인천, 제주 등 전국 각지를 떠돌아다녔다. 환갑잔치 기념으로 수십 년 만에 고향 남해를 비롯한 남쪽 지방 여러 곳을 다녀왔다.

갑자기 어머니의 은퇴가 미뤄졌다는 소식이 날아들었다. 식당 계약 문제로 10월까지 '연장 근무'가 결정된 것. 이 책이 독자들의 손에 들어갈 때쯤이면 마지막 영업일까지 보름이나 남았을까. 이제 해마다 찾아오는 나의 10월은 '지금도 기억하고 있어요 10월의 마지막 밤을'으로 시작하는 이용의 노래 '잊혀진 계절'이 아니라 원남동의 청솔과 청솔의 어머니로 기억되게 생겼다.

찾아보기

할매, 밥 됩니까

발행일 | 초판 1쇄 2020년 10월 7일
        4쇄 2021년 7월 1일

지은이 | 노중훈

발행인 | 이상언
제작총괄 | 이정아
편집장 | 손혜린
책임편집 | 강은주
디자인 | onmypaper 정해진

발행처 | 중앙일보에스(주)
주소 | (04513) 서울시 중구 서소문로 100(서소문동)
등록 | 2008년 1월 25일 제2014-000178호
문의 | jbooks@joongang.co.kr
홈페이지 | jbooks.joins.com
네이버 포스트 | post.naver.com/joongangbooks
인스타그램 | @j__books

ISBN 978-89-278-1159-6 03980

중앙북스는 중앙일보에스(주)의 단행본 출판 브랜드입니다.